ピッカリングエマルション技術における課題と応用

Challenges and Applications in Pickering Emulsion Technology

監修：柴田雅史
Supervisor：Masashi SHIBATA

シーエムシー出版

巻頭言

　ピッカリング乳化は，20世紀初頭にS.U. Pickeringによって報告され，界面活性剤を使用せずに固体粒子によって乳化が安定化される現象として注目された。彼の発見は当初，基礎科学として研究されていたが，長らく広範な応用には結びつかなかった。しかし，近年のナノテクノロジーや材料科学の進展に伴い，ピッカリング乳化の独特の特性が再評価され，さまざまな産業分野での応用が期待されている。

　特に，環境負荷の低減や持続可能性の向上を目指し，ピッカリング乳化の産業上の重要性は急速に高まっている。界面活性剤の代替として固体粒子を用いることで，環境に優しいプロセスを実現するのみならず，高機能な乳化物の調製が可能となり，製薬，化粧品，食品，農薬，エネルギー分野など，幅広い分野での応用が模索されている。これにより，ピッカリング乳化技術は新たなイノベーションを創出する重要な技術基盤として位置づけられるようになった。

　ピッカリング乳化技術では，使用される固体粉体の種類やサイズ，表面修飾方法，乳化手法，生成される乳化物の物性や安定性など，さまざまな要因が複雑に絡み合っている。また，ピッカリング乳化の目的や適用される産業分野も非常に多様化しており，食品添加物や医薬品のカプセル化，環境保護型農薬，触媒担体，エネルギー貯蔵材料など，応用例も多岐にわたる。このような多様性は，ピッカリング乳化技術がいかに柔軟であり，応用可能性が広がっているかを示すと同時に，どの技術がどの分野でどのように活用されているのかを把握するのは容易ではない。

　本書『ピッカリングエマルション技術における課題と応用』は，このようなピッカリング乳化技術の最新の発展と応用事例について，体系的かつ包括的に整理し，多岐にわたる産業分野や研究領域における応用について網羅している。本書を通じて，ピッカリング乳化技術が有する多様性とその奥深さ，さらには技術の進歩が現在も続いていることを理解していただきたい。ピッカリング乳化が産業界にもたらす可能性は計り知れず，本書がこの技術のさらなる発展を促進する契機となることを願っている。

　最後に，本書の執筆にあたり，多くの先生方が貴重知見を提供してくださったことに深く感謝申し上げたい。ご多忙の中で協力いただいた執筆者の皆様のご尽力により，ピッカリング乳化技術の最新の知見を一冊にまとめることができた。本書が，読者の皆様にとってピッカリング乳化技術の理解を深め，新たな発展の一助となることを心から願っている。

2024年12月

東京工科大学　応用生物学部

柴田雅史

執筆者一覧（執筆順）

柴 田 雅 史　東京工科大学　応用生物学部　教授

則 末 智 久　京都工芸繊維大学　材料化学系　教授

金 森 千 聡　京都工芸繊維大学　大学院工芸科学研究科

廣 本 眞 結　京都工芸繊維大学　大学院工芸科学研究科

吾 郷 万里子　東京農工大学　農学府・農学部　環境循環材料科学講座

岩 下 靖 孝　京都産業大学　理学部　物理科学科　ソフトマター物理学研究室　教授

松 原 弘 樹　広島大学　大学院先進理工系科学研究科　化学プログラム　准教授

濱 野 浩 佑　三洋化成工業㈱　界面活性剤事業本部　Beauty & Personal Care 部
　　　　　　　企画開発グループ　ユニットチーフ

三 刀 俊 祐　テイカ㈱　岡山研究所　第四課　係長

中 谷 明 弘　ポーラ化成工業㈱　テクニカルディベロップメントセンター　リーダー

森 本 裕 輝　㈱スギノマシン　プラント機器事業本部　生産統括部
　　　　　　　微粒装置部　新材料開拓係　係長

北 岡 卓 也　九州大学　大学院農学研究院　環境農学部門　生物資源化学研究室　教授

金 井 典 子　横浜国立大学　大学院環境情報研究院　助教

丹 沢 美 結　横浜国立大学　大学院理工学府　化学・生命系理工学専攻　修士2年

川 村 　 出　横浜国立大学　大学院理工学府　教授

山 本 徹 也　名古屋大学　大学院工学研究科　准教授

田 中 良 奈　九州大学　大学院農学研究院　農産食料流通工学研究室　助教

田 中 史 彦　九州大学　大学院農学研究院　農産食料流通工学研究室　教授

矢 野 裕 之　(国研)農業・食品産業技術総合研究機構　食品研究部門
　　　　　　　食品加工・素材研究領域　主席研究員

シャーミン・タンジナ　福岡大学　工学部　化学システム工学科　助教

大 内 幹 雄　福岡大学　工学部　化学システム工学科　客員教授

三 島 健 司　福岡大学　工学部　化学システム工学科　教授

岡 　 智絵美　名古屋大学　大学院工学研究科　マイクロ・ナノ機械理工学専攻　助教

北 本 仁 孝　東京科学大学　物質理工学院　材料系　教授

黒 川 成 貴　東京科学大学　物質理工学院　応用化学系　助教；
　　　　　　　慶應義塾大学　理工学部　機械工学科　訪問助教

堀 田 　 篤　慶應義塾大学　理工学部　機械工学科　教授

門 川 淳 一　鹿児島大学　大学院理工学研究科　教授

近 藤 哲 男　東京農工大学　農学部・農学府　環境循環材料科学講座　教授

飯 島 志 行　横浜国立大学　大学院環境情報研究院　人工環境と情報部門　准教授

久保田 紋 代　第一工業製薬㈱　研究本部　研究カンパニー部
　　　　　　　レオクリスタ・サステナブル材料グループ

後 居 洋 介　第一工業製薬㈱　研究本部　研究カンパニー部
　　　　　　　レオクリスタ・サステナブル材料グループ　グループ長

恩 田 智 彦　元　花王㈱　研究開発部門　研究主幹

目　　次

【第1編　ピッカリングエマルションの基礎と測定】

第1章　ピッカリング乳化の概要と最近の動向　　柴田雅史

1　ピッカリング乳化の概要……………3
2　ピッカリング乳化の乳化機構と性能を決める因子…………………4
3　ピッカリング乳化で活用されている粉体とその機能…………………5
　3.1　無機微粒子のピッカリング乳化剤としての活用と高機能化……………5
　3.2　ポリマーや有機物粉体による高機能エマルション………………7
　3.3　天然由来粉体を用いた安全性の高いエマルション………………8

第2章　シリカナノ粒子の被覆によるPickeringエマルションの超音波解析　　則末智久，金森千聡，廣本眞結

1　はじめに……………11
2　超音波散乱法……………12
　2.1　超音波散乱法の原理……………12
　2.2　超音波スペクトロスコピー実験方法……………14
　2.3　散乱理論解析……………15
3　シリカ粒子の表面修飾とエマルションの調製……………16
　3.1　シリカ粒子の表面修飾……………16
　3.2　エマルションの調製……………16
4　超音波散乱の解析結果……………17
5　まとめと展望……………20

第3章　リグニン微粒子によるピッカリングエマルションの安定化　　吾郷万里子

1　緒言……………21
2　エアロゾルフロー法による球状リグニン粒子……………21
　2.1　エアロゾルフロー法による球状リグニンナノ〜マイクロ粒子の合成と特性評価……………21
　2.2　リグニン微粒子によるピッカリングエマルションの安定性の評価……23

I

第4章　ピッカリングエマルションにおける粒子の異方性の効果

岩下靖孝

1　はじめに…………………………… 27
2　粒子の異方性と界面活性…………… 27
3　両親媒性粒子-水-油混合系における構造

形成 ………………………………… 29
4　正多角形粒子による PE 液滴 ……… 31
5　最後に……………………………… 34

第5章　界面活性剤吸着膜の相転移を応用したピッカリングエマルションの自発解乳化

松原弘樹

1　はじめに…………………………… 35
2　界面活性剤吸着膜の相転移………… 36
3　粒子と界面活性剤の競争吸着とピッカリングエマルションの解乳化………… 37

4　界面張力が解乳化に関わるほかの事例
　………………………………………… 39
5　おわりに…………………………… 40

【第2編　ピッカリングエマルション用材料の開発と調製】

第6章　使用感と乳化安定性を両立させたピッカリング乳化剤の開発

濱野浩佑

1　はじめに…………………………… 45
2　シリル化シリカの合成および評価 …… 46
3　シリル化シリカの乳化性評価および O/W
　エマルションの経時安定性評価 ……… 46

4　シリル化シリカを用いた乳化製剤の官能
　評価 ………………………………… 51
5　おわりに…………………………… 52

第7章　ピッカリング乳化機能を有する酸化亜鉛を用いたサンケア素材の開発

三刀俊祐

1　はじめに…………………………… 53
2　自己乳化型酸化亜鉛の開発に向けて… 54
　2.1　表面処理サンプルの作製 ……… 54
　2.2　評価基剤の作製 ………………… 55
　2.3　紫外線防御効果 ………………… 55
　2.4　化粧品膜の評価 ………………… 55

3　結果 ………………………………… 56
　3.1　P-ZnO の乳化機能 …………… 56
　3.2　P-ZnO の塗布膜の分析：紫外線防御
　　　効果 …………………………… 56
4　考察 ………………………………… 58
　4.1　P-ZnO の塗布膜の分析：電子顕微鏡

観察 ……………………… 58 　　　　防御効果 ……………………… 60

　4.2　P-ZnO の W/O 製剤の分析：紫外線 　5　おわりに ……………………… 61

第8章　O/W 型ピッカリングエマルションおよびこれを含む化粧料型ピッカリングエマルション
中谷明弘

1　はじめに ……………………… 63

2　ピッカリングエマルションについて … 63

3　ピッカリングエマルション安定化のキモとなる要素 ……………… 63

　3.1　油水界面への微粒子の吸着エネルギー（接触角）……………… 63

　3.2　エマルション状態のコントロール ……………………… 66

　3.3　ピッカリングで安定化しやすい特殊な乳化領域 ……………… 66

4　耐水性を付与するピッカリングエマルションを応用したサンスクリーン製剤の開発 ……………………… 68

　4.1　はじめに ……………………… 68

　4.2　研究の目的 ………………… 68

　4.3　粉体と海水の相互作用 ……… 68

　4.4　ピッカリングエマルションを応用した日焼け止め製剤の開発 ……… 70

　4.5　海で落ちない日焼け止めの評価 … 70

　4.6　おわりに ……………………… 73

第9章　面繊維化セルロース粒子（F25）について
森本裕輝

1　はじめに ……………………… 75

2　表面繊維化セルロース粒子（F25）とは ……………………… 75

3　表面繊維化セルロース粒子の分散性と粘度特性 ……………………… 76

4　界面活性剤を使用しない乳化 ……… 77

5　70 wt% 油相乳化物の粘度調整（低粘度～

高粘度まで）……………………… 78

6　油種を選ばない乳化 …………… 78

7　ワンステップ乳化 ……………… 79

8　耐熱，耐塩性の高い乳化物の調整が可能 ……………………… 80

9　おわりに ……………………… 80

第10章　セルロースナノファイバーで被覆された木質模倣真球微粒子の合成
北岡卓也

1　はじめに ……………………… 82

2　CNF の両親媒性と乳化能 ……… 83

　2.1　CNF のナノ形状と界面構造 ……… 83

　2.2　CNF によるイソオイゲノールの乳化 ……………………… 85

　2.3　西洋わさびペルオキシダーゼによる酵素重合 ……………… 85

　2.4　木質模倣真球微粒子の形態観察と真球度 ……………………… 86

　2.5　コアのリグニン構造と物質担持・徐

放能 ･････････････････ 88 　　4　おわりに ･･････････････････ 90

3　生態系材料学のコンセプト ････････ 89

第11章　ピッカリングエマルションの粒子安定剤としての農業/食品廃棄物由来セルロースナノファイバーの利用

金井典子，丹沢美結，川村　出

1　はじめに ･････････････････ 91

2　CNF を用いた乳化安定剤への応用と疎水化修飾による安定性の向上 ･･･････ 92

3　TOCNF および ACNF を用いたピッカリングエマルションの安定性評価 ･･････ 92

4　分子動力学（MD）シミュレーションを用いた油滴と CNF 間の相互作用の解析

･･･････････････････････････ 93

5　磁気共鳴技術を用いたピッカリングエマルションの解析 ･･････････ 95

6　MRI によるピッカリングエマルションの不安定化機構の解明 ････････ 96

7　拡散 NMR 法によるピッカリングエマルションの液滴サイズ分布の決定 ･･･････ 97

第12章　微粒子を利用した疎水性粉体の水への分散技術の開発

山本徹也

1　はじめに ････････････････101

2　混酸によるカーボンナノチューブ表面修飾とその複合高分子微粒子の合成 ････101

3　微粒子により表面修飾したカーボンナノ

チューブの水への分散性 ･･････････103

4　微粒子により表面修飾したリサイクル炭素繊維とその樹脂への分散性 ･･･････104

5　おわりに ････････････････106

第13章　ピッカリングエマルション技術を用いた可食コーティング剤の物性・安定性と青果物品質保持効果

田中良奈，田中史彦

1　はじめに ････････････････108

2　ピッカリングエマルション技術を用いた可食コーティング剤の特性 ････････109

2.1　製法と溶液の安定性 ････････109

2.2　フィルムの特性 ･･･････････111

3　可食コーティングによる青果物品質保持効果 ･･････････････････････112

3.1　抗真菌効果 ･･････････････112

3.2　品質保持効果 ･･･････････114

4　おわりに ････････････････115

IV

【第3編　ピッカリングエマルションの応用】

第14章　グルテンフリー米粉パンの開発：生地の膨化メカニズムとしてのピッカリング安定化

矢野裕之

1　はじめに ……………………………119
2　パンが膨らむしくみ ………………119
3　無添加・グルテンフリーでパンをつくる ……………………………………120
4　メカニズムに関する考察 …………121

5　無添加・グルテンフリーパンの製造に適した米粉 …………………………122
6　無添加・グルテンフリーパンの製品化 ……………………………………125

第15章　超臨界二酸化炭素を用いたピッカリングエマルション技術

シャーミン・タンジナ，大内幹雄，三島健司

1　はじめに ……………………………127
2　超臨界流体 …………………………127
3　超臨界二酸化炭素-水系でのピッカリングエマルション …………………129
4　ピッカリングエマルションと粒子表面改質 ……………………………………129

5　ナノ・マイクロ無機粒子と合成高分子の複合化 ……………………………130
6　マイクロ・ナノ無機粒子とCNFの複合化 ……………………………………131
7　おわりに ……………………………133

第16章　標的薬物送達のための生分解性ポリマー粒子と酸化鉄磁性ナノ粒子からなるコアシェル複合粒子

岡　智絵美，北本仁孝

1　緒言 …………………………………135
2　コアシェル複合粒子作製方法 ………136
3　酸化鉄磁性ナノ粒子分散剤濃度の影響 ……………………………………137

4　酸化鉄磁性ナノ粒子濃度の影響 ……139
5　薬物モデル搭載コアシェル複合粒子作製 ……………………………………141
6　まとめ ………………………………142

第17章　ピッカリングエマルジョンプロセスで作製したTEMPO酸化セルロースナノファイバー/Bio-PBSAナノコンポジット

黒川成貴, 堀田　篤

1　はじめに……………………144
2　ピッカリングエマルジョン法を用いた
　TOCN/PBSAナノコンポジットの作製
　とその内部構造……………146
3　TOCN/PBSAナノコンポジットの熱特

性……………………149
4　TOCN/PBSAナノコンポジットの機械
　特性および寸法安定性……151
5　おわりに……………………153

第18章　機能性キチンナノファイバーを用いたピッカリング乳化重合法によるキチンベース蛍光性中空粒子の創製

門川淳一

1　はじめに……………………156
2　ボトムアップ的手法に基づいた自己組織
　化ChNFの創製……………156
3　自己組織化ChNFを安定剤に用いたスチ
　レンのピッカリングエマルション重合に

よる複合粒子の創製…………157
4　複合粒子の中空粒子への変換………159
5　キチンベース蛍光性中空粒子の創製
　……………………………160
6　おわりに……………………162

第19章　界面反応プラットフォームとしてのピッカリングエマルジョンを用いた水中対向衝突セルロースナノフィブリルの局所的表面アセチル化反応

近藤哲男

1　はじめに……………………164
2　ACC法により得られるセルロースナノ
　ファイバー（ACC-ナノセルロース）と
　は？……………………165
3　疎水性熱可塑性樹脂粒子の表面に選択的
　に吸着するACC-ナノセルロース…167
4　両親媒性ACC-ナノセルロースを用いる

Pickeringエマルション形成ならびにそ
　の安定性の溶媒依存性……………168
5　PickeringエマルションをプラットフォームにするACC-ナノセルロースの
　局所的表面アセチル化反応………169
6　おわりに……………………171

第20章 粒子間光架橋性ピッカリングエマルションを用いた複雑形状多孔質セラミックス部材の製造

飯島志行

1 はじめに ……………………173
2 粒子間光架橋性ピッカリングエマルションの設計 …………………174
3 粒子間光架橋性ピッカリングエマルションを用いた多孔質セラミックスの作製 …………………………175
4 複雑形状多孔質セラミックス部材の作製プロセスへの展開 ……………177
5 おわりに ……………………179

第21章 化粧品処方におけるセルロースナノファイバーによるピッカリングエマルションの形成挙動

久保田紋代, 後居洋介

1 はじめに ……………………180
2 水系添加剤としての CNF の開発 ……180
3 CNF の乳化機能 …………………181
　3.1 CNF によるエマルション形成のメカニズム ……………………181
　3.2 CNF によるエマルションの安定化 ……………………………182
　3.3 エマルションの形態観察 ………182
　3.4 乳化可能な油の構造からの推測…183
　3.5 乳化への添加剤の種類と量の影響 ……………………………183
　3.6 乳化における添加剤の配合順の影響 ……………………………186
4 さいごに ……………………187

第22章 果実繊維を用いたピッカリングエマルションによる乳化

柴田雅史

1 はじめに ……………………189
2 植物繊維粉体の乳化剤への応用 ……190
3 カリン果実粉体の調製とピッカリング乳化方法 ……………………191
4 各種処理粉体の乳化性能 …………192
5 粉体の組成・性質と乳化性能の関係 ……………………………192
6 まとめ ……………………194

第23章 ファインバブルによる油のピッカリング型乳化と洗浄作用

恩田智彦

1 はじめに ……………………196
2 O/W エマルション中の泡の状態 ……197
3 泡によるピッカリング型乳化と自己乳化の発現 ……………………198
4 ファインバブルの洗浄作用 …………201
5 おわりに ……………………202

第 1 編

ピッカリングエマルションの
基礎と測定

第 1 章　ピッカリング乳化の概要と最近の動向

柴田雅史*

1　ピッカリング乳化の概要

　ピッカリング乳化は固体微粒子がオイルと水の界面に吸着し，界面活性剤の代替としてエマルジョンを安定化させる現象である。この現象は，1907 年に S. U. Pickering によって初めて報告され，それにちなんで命名された[1]。

　ピッカリング乳化では固体微粒子が界面に強く吸着していることから，油滴の合一が防止され，経時安定性に優れたエマルジョンが得られやすい。また熱や剪断力など外的刺激に対しても，優れた安定性を示すことが多い。

　さらに，従来型の乳化剤である界面活性剤には，環境負荷や人体への安全性に懸念のある物質も含まれている場合も多いのに対して，ピッカリング乳化で用いられる固体微粒子は，シリカ，金属酸化物，粘土鉱物，天然有機物など生分解性や毒性の問題を回避できる物質がほとんどであり，環境や人体に対する負荷のより少ない乳化手法になりうる[2]。そのため，特にこれらが重視される食品，化粧品，医薬品などの分野で広く応用されている。

　ピッカリング乳化の機構は以下のように説明されている。水と油の混合系に固体微粒子を分散させた場合，二つの液体に対する固体微粒子の濡れ性が適当なときに微粒子は液液界面に吸着する。図 1 は球状の固体粒子が水と油の界面に吸着したときの模式図である。この吸着エネルギー F は式(1)で示される。

$$F = \pi R^2 \gamma_{wo}(1 - \cos\theta)^2 \tag{1}$$

　　R：固体微粒子の粒径，γ_{wo}：油水界面の界面張力，θ：接触角

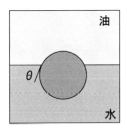

図 1　油水界面での微粒子粉体の状態

＊　Masashi SHIBATA　東京工科大学　応用生物学部　教授

固体微粒子が水と油に対してまったく同じ親和性をもつとき，θ は 90°，すなわち F が最大になる。また，水と油の界面に吸着した固体微粒子の間には相互作用（双極子間相互作用や毛細管力）が働くため，界面に存在する微粒子は会合し配列する。このような条件をもつ固体微粒子を用いれば，これらに撹拌力を加えると安定な乳液ができる[3, 4]。

ピッカリング乳化は，分子ではなく固体微粒子が界面に会合して存在するという独自のメカニズムにより，従来の分子型界面活性剤を用いる乳化特性を示す[5]。図2は固体微粒子としてメソポーラスシリカを，オイルとしてシリコーンオイル（ポリジメチルシロキサン）を用いた場合の乳化滴である。

シリコーンオイルを油相として O/W 型エマルションを得るためには，分子内に親水基とシリコーンオイル類似構造の部位（シリコーン鎖など）の両方を持つ界面活性剤を用いるのが一般的である。しかしながら，固体微粒子の場合は必ずしもシリコーンオイルと類似構造の部位を有する必要はなく，シリコーンオイルと水との濡れ性のバランスが整えば乳化剤として働くことが可能である。

また，固体微粒子が界面で会合した強固な界面膜の存在により，乳化滴の合一も起こりにくい。図2の顕微鏡像では乳化滴同士が接しているが，これらは合一することはなく，かるく振盪をすると乳化滴は再分散をして均一な乳液に戻すことができる。

図2　シリコーンオイルを用いた O/W 型エマルション（乳化剤はメソポーラスシリカ）

2　ピッカリング乳化の乳化機構と性能を決める因子

このようにピッカリング乳化においては，微粒子を構成する成分の違いだけでなく，その粒径や表面特性によってエマルジョンの安定性や特性が大きく変化する[6]。

ピッカリング乳化では，固体微粒子が液滴の界面に吸着することで，界面活性剤と同等の役割を果たし，液体間の界面張力を低下させるとともに，液滴の合体を防ぐ物理的バリアを形成す

る。固体粒子が界面に吸着し安定化するためには，粒子の親水性と疎水性のバランス（分子型界面活性剤のHLBに相当）が重要である。粒子の親疎水性バランスに応じて界面に部分的に浸漬し，油相と水相の間に物理的なバリアが形成される[7]。

一方，粒子表面の親水性が高すぎたり，疎水性が強すぎたりすると，界面への吸着が不十分となり，乳化性能が著しく悪化する。図3はその模式図である。

次の章で，粉体をこのような最適な親疎水性バランスに調整するための技術をいくつか紹介する。

ピッカリング乳化のもう一つの重要な要素は，粒子のサイズである。粒子が小さいほど界面に多く吸着しやすく，そのため安定なエマルジョンが形成される傾向がある。しかしながら，粒子がブラウン運動の影響を受けるほど小さくなると，逆に界面から脱離しやすくなる場合もある[8]。

粒子の濃度も乳化安定性に影響を与える。一般的な傾向として粒子の濃度が高いほど，油水界面を覆いやすくなるので，液滴の合体は起こりにくくなる。ただし，濃度が高くなりすぎて，水相（連続相）内で粒子が近接しすぎると，凝集が起こって乳化性能が低下する場合もある[2]。

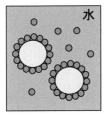 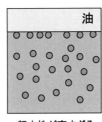 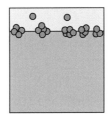

親疎水性バランスが　　親水性が高すぎる　　疎水性が高すぎる
良好な粉体　　　　　　粉体　　　　　　　　粉体

図3　粒子表面の親疎水性バランスと乳化性能の関係

3　ピッカリング乳化で活用されている粉体とその機能

ピッカリング乳化においては，固体微粒子粒子が液滴の界面に吸着することが必要条件である。そのような粉体がそのような性質をもつのかは，いくつかの総説などに体系的にまとめられている[2,6,9]。

本稿では，ピッカリング粉体の乳化性能と付加機能面に特化して紹介をする。

3.1　無機微粒子のピッカリング乳化剤としての活用と高機能化

最も一般的に使用される粉体の一つがシリカ（SiO_2）である。シリカは，安全性が高く，環境負荷も低く，しかも多様なものが安価に市販されている。シリカ表面は乳化に適するように親疎水性バランスを調整しやすく，また表面を疎水化処理することも容易である[2,10]。

たとえば，シリカ粒子を用いることで，炭化水素オイルや油脂に比べて乳化可能な界面活性剤

種が少ないシリコーンオイルのO/W型エマルションを調製することができる[11]。

シリカと同様に，酸化鉄（Fe_2O_3）や酸化チタン（TiO_2）などの金属酸化物もピッカリング乳化剤としてよく用いられている。

ピッカリング乳化では，粒子表面の性質，特に親疎水性バランスが重要であるので，粉体の成分を変化させなくても，表面処理によってその乳化性能を変えることが可能である。たとえば，鉄酸化物（Fe_3O_4）微粒子は，何も処理されていない状態では，非極性油（ドデカン）は乳化可能であるが，ブチル酪酸エステルのような極性油の乳化は難しい。安定したエマルションを作るためには，Fe_3O_4微粒子をカルボン酸（RCOOH）やシランカップリング剤（$RSi(OC_2H_5)_3$）で表面修飾し，その粒子を疎水化して最適な表面状態にする必要がある[12]。シリカや金属酸化物は，表面のOH基の存在により，このような疎水化表面処理を比較的容易に行うことができ，それによって最適な表面親疎水性バランスに調整可能である。

良好なピッカリングエマルションとは，水相と油相が分離せずに，長期間乳化状態を保持できることが基本であるが，一方で，エマルションの高機能化として，外部刺激によって微粒子粉体の親疎水性バランスが変化し，乳化破壊を起きて水と油が2層分離を起こすという性質の付与が挙げられる。

このようなエマルションでは，油滴中に機能性物質を閉じ込めておき（カプセル化），外部刺激による乳化破壊にともなって機能性物質を放出させることができる。さらに，乳化破壊とエマルションの再構築を可逆的に起こすことができれば，スイッチング機能を付与することができる。このような性能を付与するためには，粉体の表面処理を工夫したり，添加物を用いたりする必要がある。

たとえばポリマー（PMAA）で被覆したシリカ微粒子は，酸性条件下ではトルエンとW/O型エマルションを作るが，中性または塩基性条件にすると微粒子が水中によく分散し，エマルションが分解される。そして酸性に戻すと再び乳化能を持つようになる。このエマルション形成と分解サイクルを繰り返し行うことができ，液性応答型エマルションと呼ばれる[13]。

微粒子シリカを用いたエマルションに両性界面活性剤と併用することでも，pHの変動によっ

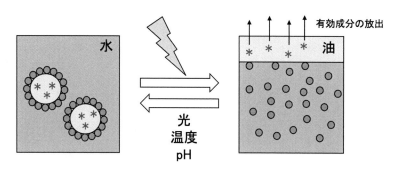

図4　乳化破壊と再構築をおこすエマルションのイメージ

第1章　ピッカリング乳化の概要と最近の動向

て乳化破壊とエマルションの再構築を繰り返す液性応答型エマルションにすることが可能である[14]。また，シリカ微粒子に，光異性化反応をするアゾベンゼンを導入した界面活性剤吸着させると，そのピッカリング乳化性能は光応答性を持つようになり，可視光照射ではO/W型エマルションに，紫外線照射では，n-オクタンと水相の二層分離状態に可逆的に変化させることができる[15]。スピロピランで処理をしたシリカ微粒子でも，紫外線や可視光を当てるとエマルションの形成や分離が可能であり，ピッカリング界面バイオ触媒（PIB）システムとして用いた際に，反応生成物や触媒を回収したりする応用が検討されている[16]。

　ポリエチレングリコール表面処理をしたシリカ微粒子は，温度によって乳化の安定性が変化する温度応答性エマルションを得ることができる[17]。

　金属酸化物である酸化鉄や酸化チタンをピッカリング乳化に用いると，乳化剤としての役割だけでなく，これら物質の性質を利用した付加価値をもつ乳液の調製が可能である。酸化鉄粒子の磁性を利用すると，外部磁場をかけることで状態が変化するエマルジョンが形成できる[18]。

　酸化チタンは光触媒活性を有することから，環境浄化や抗菌機能材料として用いられている。そこでピッカリングエマルションを光触媒反応のリアクターにする検討が行われている[19]。また，酸化チタン微粒子によるピッカリングエマルションは，光触媒によって有機物分解性能を有することが可能である[20]。さらに，酸化チタン微粒子を主に用いたエマルションは液性応答性を持たすことができ，低pHにすると乳化能が低下して粒子が水相に分散し，pHを中性に戻すとエマルションを再形成することが可能である[21]。

　カーボンナノチューブ（CNT）の粉体は，機械的強度に優れ，また導電性を有する。そのため高機能なピッカリングエマルションへの応用が期待されている。一方で，CNTは表面疎水性が高く，水に分散や可溶化しにくいという問題があり，乳化剤として活用するためにはそのため表面処理や複合化による分散性の改善が必要である[22, 23]。たとえば，多層カーボンナノチューブ（MWCNT）表面を硝酸で酸化することで親水性に変化させると，ピッカリングエマルションをえることができる[24]。

　プラズマ処理も粉体の乳化性能を調整する有効な表面処理方法である。プラズマ処理によって粉体の表面に様々な官能基を導入することが可能である。湿式や乾式での表面処理剤を用いた処理比べて，より精密な表面処理が可能であり，高機能性エマルジョンの開発において有用であるとされている。CNTに酸素プラズマ処理を施すと，CNTの表面に親水性のヒドロキシル基やカルボキシル基が付加される。この処理により，CNTは水やシクロヘキサン中での分散安定性が向上し，O/W乳化物の安定性も向上する[25]。

3. 2　ポリマーや有機物粉体による高機能エマルション

　ピッカリング乳化用粉体として，有機物であるポリマー微粒子も有効である。ポリマーは表面疎水性が高い場合が多いので，親水基の導入などの工夫がされる。ポリスチレン（PS）やポリメタクリル酸メチル（PMMA）を中心に，そのコポリマーを調製したり，ほかの物質と複合体

7

を形成させたり，表面を化学修飾することで，多様なエマルションが得られる。

PS 粒子は，ドデカンに対して W/O 型エマルションを作る。またカルボキシル基を持つ粒子とすることで，低粘度のシリコーンを油相としたときに，電解質の追加によってエマルションの相転移が起こすことが報告されている[26]。

Glycerol monomethacrylate と 2-hydroxypropyl methacrylate のブロック共重合体微粒子合成を水溶液中で行うと，親水性の微粒子が得られ，W/O 型エマルションを形成することができる。一方，n-アルカンなど非極性媒体中でこの粒子を合成すれば，疎水性の微粒子が得られ，O/W 型エマルションを生成することが可能である[27]。

ポリマー粒子はほかの粒子と複合化して活用されることも多い。PS 粒子とキトサンとの複合体によって，それぞれ単独の場合と異なり，安定なエマルションが得られる[28]。またシリカ粒子表面をポリアクリル酸で被覆した微粒子は，低濃度配合で安定なピッカリングエマルションを調製できる。また，このハイブリッド微粒子を用いると有効成分の放出速度を抑制することができる[29]。

PS/ポリイソプロピルアクリルアミドのピッカリングエマルションは，温度を変えることでエマルションの生成と分離を可逆的に行える温度応答性のエマルションを調製できる[30]。

各種分子を包接するシクロデキストリンも高機能性ピッカリング乳化粉体として検討がされている。β シクロデキストリンとアゾベンゼン誘導体との複合体は，UV 照射により O/W 型エマルションが不安定化して，油と水を分離する光応答性のエマルションになる[31]。

3. 3　天然由来粉体を用いた安全性の高いエマルション

天然の粉体としては，デンプン，セルロース，キトサンなどがピッカリング乳化粉体としてよく用いられている。これらは再生可能資源から得られ，また生分解性があるため，持続可能な乳化剤として着目されている。

デンプンを用いたピッカリングエマルションは，生分解性が高く，毒性が低いという特長を持つため食品や医薬品へも配合しやすい。デンプンの使用により，より安定で長期間持続するエマルションを作ることができ，製品の保存期間が延びる。また薬物や栄養素を全身的または標的的に投与するためにカプセル化する用途にも利用できる。さらに，温度，pH，光応答性をエマルションに付与することで，制御放出が可能になる[32]。

セルロース微粒子のうち，柔軟なバクテリアセルロース（BC）はほとんど乳化能力を持たないが，セルロースナノファイバー（CNF）や硬いセルロースナノクリスタル（CNC）は良好にピッカリングエマルションを形成できる[33]。CNF は化粧品用の乳化剤として盛んに検討が行われている。水相にエタノール，1,2-プロパンジオール，1,3-ブチレングリコール，グリセリンなどを添加しても安定なエマルションを得ることができる[34]。また多用な油剤を安定化できることも魅力であり，シナモン，カルダモン，ホウの木などの精油を安定にピッカリングエマルションにすることができる[35]。また CNF の表面を高機能化することで，通常の乳化剤では難しい炭化

第 1 章　ピッカリング乳化の概要と最近の動向

水素とフルオロカーボンを含む複雑な二相エマルションを製造や，エマルションの可逆的な形態再構成機能を付与することも可能である[36]。

　タンパク質も食品分野でピッカリン乳化剤として活用されている。グラスピータンパク質をプラズマ処理することで表面改質を行うと，微細な O/W 型エマルションを作ることができ，乳化安定性も向上する[37]。

文　　献

1) S. U. Pickering, *Journal of the Chemical Society*, **91**, 2001-2021（1907）
2) R. Aveyard *et al.*, *Advances in Colloid and Interface Science*, **100-102**, 503-546（2003）
3) P. Pieranski, *Physical Review Letters*, **45**, 569（1980）
4) Y. Nonomura, *J. Jpn. Soc. Colour Mater.* **89**, 203-206（2016）
5) A. Takata *et al.*, *J. Jpn. Soc. Colour Mater.*, **89**, 203-206（2016）
6) B. P. Binks, *Current Opinion in Colloid & Interface Science*, **7**, 21-41（2002）
7) B. P. Binks *et al.*, "Colloidal Particles at Liquid Interfaces", Cambridge University Press, 2006
8) S. Tcholakova *et al.*, *Advances in Colloid and Interface Science*, **123-126**, 259-93（2006）
9) Y. Yang *et al.*, *Frontiers in Pharmacology*, **8**, 1-20（2017）
10) B. P. Binks *et al.*, *Langmuir*, **16**, 8622-8631（2000）
11) N. Sugita *et al.*, *J. Dispersion Sci. Technology*, **29**, 931-936（2008）
12) J. Zhou *et al.*, *Journal of Colloid and Interface Science*, **367**, 213-224（2011）
13) R. Luo *et al.*, *RSC Advances*, **10**, 42423-42431（2020）
14) K. Liu *et al.*, *Langmuir*, **33**, 2296-2305（2017）
15) Z. Li *et al.*, *Angew. Chem. Int. Ed.*, **60**, 3928-3933（2021）
16) H. Zhong *et al.*, *ACS Sustainable Chemistry & Engineering*, **12**, 1857-1867（2023）
17) J-F. Dechézelles *et al.*, *Colloids and Surfaces A:*, **631**, 127641（2021）
18) J. Zhou *et al.*, *Langmuir*, **27**, 3308-3316（2011）
19) Y. Qu *et al.*, *Chemical Engineering Journal*, **438**, 135655（2022）
20) Q. Li *et al.*, *Applied Catalysis B: Environmental*, **249**, 1-8（2019）
21) Y. Hao *et al.*, *Chinese Chemistry Letters*, **29**, 778-782（2018）
22) 中嶋直敏，白木智丈，*日本ゴム協会誌*，**89**, 3-9（2016）
23) D. Ede, *Chemical Reviews*, **110**, 1348-1385（2010）
24) N. Briggs *et al.*, *Colloids Surf A Physicochem Eng Asp*, **537**, 227-235（2018）
25) W. Chen *et al.*, *Journal of Industrial and Engineering Chemistry*, **17**, 455-460（2011）
26) R. Zheng & B. P. Binks, *Langmuir*, **38**, 1079-1089（2022）
27) S. J. Hunter *et al.*, *Langmuir*, **36**, 15463-15484（2020）
28) S. Zhang *et al.*, *Colloids and Surfaces A:*, **482**, 338-344（2015）

29) L. M. Daza *et al.*, *Colloid and Polymer Science*, **298**, 559-568（2020）

30) Q. Zhang *et al.*, *Polymer*, **268**, 125710（2023）

31) X. Zhao *et al.*, *Carbohydrate Polymers*, **251**, 117072（2021）

32) I. Shabir *et al.*, *Journal of Agriculture and Food Research*, **14**, 100853（2023）

33) Y. Lu *et al.*, *Carbohydrate Polymers*, **255**, 117483（2021）

34) 久保田紋代，後居洋介，*JETI*, **71**(9), 75-77（2023）

35) A. G. Souza *et al.*, *Journal of Molecular Liquids*, **320**, Part B, 114458（2020）

36) Q. P. Ngo *et al.*, *Langmuir*, **37**, 8204-8211（2021）

37) H. M. Mehr *et al.*, *Journal of Food Engineering*, **350**, 111458（2023）

第 2 章　シリカナノ粒子の被覆による
　　　　Pickering エマルションの超音波解析

則末智久[*1]，金森千聡[*2]，廣本眞結[*3]

1　はじめに

水と油のように互いに混ざり合わない液体を混合して振り混ぜると，これらの比率によって，どちらかの液滴が，もう一方の液体中で球状に分散した状態になる。このような液滴の形成は一時的であり，放置すると時間が経つにつれて同じ成分同士が集まり，やがて軽い油相は上部に，重い水相は下部に相分離する。ここで，界面活性剤という親水性と親油性の基を有する物質を添加しておくと，界面活性剤は水と油の界面に介在して，液滴を安定化できる。その場合，これらの比率と界面活性剤の選択によって，図1(a)および(b)に示すような油滴が水中で分散した水中

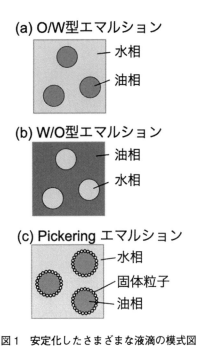

図1　安定化したさまざまな液滴の模式図

---

*1　Tomohisa NORISUYE　京都工芸繊維大学　材料化学系　教授
*2　Chisato KANAMORI　京都工芸繊維大学　大学院工芸科学研究科
*3　Mayu HIROMOTO　京都工芸繊維大学　大学院工芸科学研究科

油滴(O/W)型エマルションか，水滴が油相中で分散した油中水滴(W/O)型エマルションになる。一般に化学構造の異なる成分を混合しようとするとそれぞれの成分は互いに接触を避けるべく，接触表面積が少なくなる方向に自発的に変化するが，界面活性剤は界面張力を低下させてこの効果を和らげる。よって十分な量の界面活性剤が存在すればエネルギーを低下させて安定化できる。ここで安定化には，マイクロエマルションのような界面活性剤濃度を高めた熱力学的な安定化や，少量の界面活性剤と超音波キャビテーション（高速せん断）で強制的に作ったナノエマルションの動力学的な安定化がある。いずれも液滴の直径が小さければナノメートルオーダーになりうるが，安定化のメカニズムが全く異なる[1]。本稿で取り扱う Pickering エマルションは後者に該当する。これはエネルギーが低い理想的な状態にあるわけではなく，界面を安定化させる物質の拡散が遅いために安定化しているように見えるのが原因と考えられる。最近では，親水性と親油性の基を有する界面活性剤に限らず，様々な界面活性剤が開発されており，またエマルションについても W/W 型や O/O 型も研究されている。

　界面活性剤を添加せず，代わりに図 1(c)に示すような固体粒子で被覆したエマルション[2,3]はしばしば Pickering エマルションと呼ばれる。固体粒子で被覆したエマルションの研究はRamsden や Pickering の研究に始まるが，後に発見した Pickering の方が名称としてよく用いられている。Pickering エマルションは，化粧品，インキ，食品，医療など様々な分野で広く使用されている。Pickering エマルションをテンプレートにして，液滴表面の固体粒子を適度に融解させるなど，固体粒子同士を結合すると，隙間の空いたマイクロカプセルが調製できる。これはコロイドソーム[4]と呼ばれ，細胞の培養や薬物伝達システムなどに応用研究されている。油と水の界面に存在する固体粒子の観察方法は比較的限られている。Pickering エマルションの調製に使用される固体粒子の直径は，通常，数十ナノメートルから数マイクロメートルである。粒子径が小さくなると，光学的手法で液体界面に存在する粒子を観察することが困難となる。走査型電子顕微鏡 SEM や透過型電子顕微鏡 TEM を用いた観察も有用であるが，試料の前処理なしにPickering エマルションの固体粒子の被覆状態を調べるために，本稿では超音波散乱法を駆使した手法[5]について述べる。

2　超音波散乱法

2.1　超音波散乱法の原理

　図 2 に示すように，球状の微粒子に超音波が入射した場合，一部のエネルギーは微粒子内部を透過するが，一部は球の表面で反射して跳ね返る。このような「形と大きさのある物体からの反射」を散乱といい，光や X 線と同様に超音波も散乱する。このとき，散乱の程度は，微粒子の大きさに加えて，微粒子とそれを囲む連続液体の物性の違いによって決まる。より正確には，超音波散乱の強さは，圧縮率の差と密度の差の両方で決まる。図 2 に示すような外から粒子表面に作用する力と粒子内部に透過する力の釣り合いを解くことで，粒子から散乱する超音波の強

第2章　シリカナノ粒子の被覆による Pickering エマルションの超音波解析

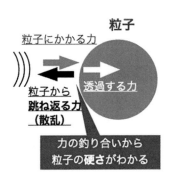

図2　粒子に作用する力の釣り合いの模式図

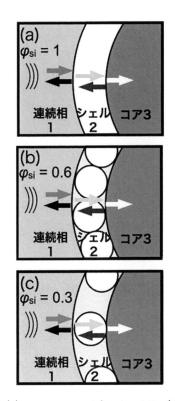

図3　(a)マイクロカプセル，(b)Pickering エマルション，PE，(c)被覆率を下げた PE の模式図

さが解析できる。連続相と粒子の特性を含めて方程式を解くため，結果として「粒子の硬さ」がわかる。このような解析から，エマルションの場合は液滴の大きさ，液滴の圧縮性や組成など，さまざまな特性が明らかとなる。

さて，コアシェル粒子のように内径と外径の二つの径がある場合は，図3(a)に示すように，これら二つの境界条件を同時に解くことで，シェル厚みはもちろんコアの特性や中空状態の確認も可能である。図3(b)に示すように，固体粒子を被覆した Pickering エマルションも，固体粒

子の相をシェルとみなせば，中空粒子と同様の原理で被覆状態がわかるかもしれない。ここで，液滴の表面を固体粒子が高い密度で充填された場合でもシェル部分には液体が染み込んでいる。図中のφ_{si}は，シェル中の固体粒子の導入率である。さらに，固体粒子間の斥力反発の程度によっては，図3(c)に示すように固体粒子の実効の被覆率はさらに小さくなるであろう。そこで逆に，シェルの物性を解析することで，シェルを構成する固体粒子が占める割合を求めることができる。

2．2　超音波スペクトロスコピー実験方法

　超音波スペクトロスコピー（Ultrasonic Spectroscopy, US）は，図4に示すように，二つのセンサーを向かい合わせに配置し，その中間に試料セルを置いて，試料セルを透過する超音波パルスを解析する方法である。スパイクパルサーによる電気的な刺激を圧電体が取り付けられた超音波トランスデューサに送り，電気から力学へのエネルギー変換により水中に超音波パルスを発信する。同一のトランスデューサでエコーを受け取ることもできるが，ここでは透過セットアップを用い，力学から電気へのエネルギー変換で電圧波形としてデータを記録する。パルサーにはリモートパルサーH4を組み合わせたJSR社製のDPR500を用い，受信した波形の収録にはGaGe社製の高速デジタイザボードCSE1622を用いた。これはデスクトップパソコンに内蔵して使うオシロスコープのような波形収録用のコンピュータボードであり，縦軸ビット深度は16ビット，横軸時間分解能は200メガサンプル毎秒である。さまざまな水浸縦波超音波トランスデューサが市販されているが，ここでは検査技術研究所KGK社製の広帯域コンポジットトランスデューサB20K2Iを二個使用した。このセンサーの素子径は2 mm，中心周波数は20 MHzである。おおよそ周波数fの範囲が5 MHzから40 MHzまで一度に取得できる。試料セルにはポリスチレン製の使い捨て角形セルを用いた。行路長Lは，L = 10 mm，セル壁の厚みは両面とも1 mmである。セルに蒸留水を封入してリファレンス（ref）としてパルスを計測したのち，

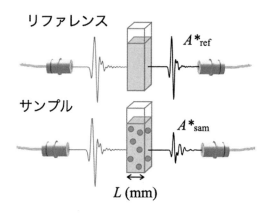

図4　透過US法の模式図

第 2 章　シリカナノ粒子の被覆による Pickering エマルションの超音波解析

試料懸濁液（sam）に置き換えてサンプルの測定を行う。得られた複素振幅波形 A^* を高速フーリエ変換して，試料の超音波減衰係数 α と位相音速 c を得る。そのため，α と c は一つの値ではなく，周波数 f の関数として得ることができる。それぞれ，透過する超音波パルスの強さがどの程度減少したか（粘性），また超音波がどの程度速く伝わったか（弾性）の情報を示す。なお，α と c は，以下の式(1)および(2)で求めた。

$$\alpha = -\frac{2}{L}\left[\ln\left(\frac{|A^*_{\text{sam}}|}{|A^*_{\text{ref}}|}\right)\right] + \alpha_{\text{ref}} \tag{1}$$

$$c = \frac{2\pi f L}{\Delta\theta + \dfrac{2\pi f L}{c_{\text{ref}}}} \tag{2}$$

ここで $\Delta\theta$ はサンプルとリファレンスパルスの位相差である。また，純水の減衰係数 α_{ref} が周波数 f の二乗に比例するため，縦軸の α は f の二乗で割った値で示している。25℃における純水の減衰率は，$\alpha_{\text{ref}}/f^2 = 4.4 \times 10^{-14}$ (s^2/m) 程度であり，試料からの散乱減衰は，リファレンスよりも十分大きい。厳密には詳細は割愛するが透過率補正を行っている。

2.3　散乱理論解析

　超音波の散乱理論はやや難解で長い計算を伴うので，式や計算方法などの詳細は論文[5]を参照いただき，ここでは原理を簡潔に説明したい。液体中に分散する球状粒子を含む懸濁液に超音波が入射すると，微粒子の影響により様々な方向に超音波が散乱する。粘性減衰に加えて，散乱減衰の結果，透過するパルスの振幅は減少する。図 2 に示したように，粒子の外側からの入射音圧と粒子から外向けの散乱音圧の合計は粒子の表面において，粒子内部へと侵入する透過音圧と連続かつ釣り合っているはずである。このような粒子表面の力の釣り合いから，散乱振幅を求めることができる。ここでの未知数は，入射波の大きさを基準にして，図 2 の矢印で示したように，（ⅰ）求めたい物理量である粒子からの外向けの散乱の強さと，（ⅱ）内部の透過波の強さである。さらに，粒子表面付近の液体の粘性や粒子自身のずり弾性も考慮すると，（ⅲ）粒子の外側と（ⅳ）内側の剪断特性も未知数となる。よって，四つの未知数を含む問題には四つの方程式が必要になる。具体的には，粒子表面における法線応力と法線変位と接線応力と接線変位に関する 4 つの方程式を立て，4 行 4 列の逆行列を使って方程式を解けば，粒子から散乱する波の強さが計算できる。このようにして散乱振幅の実数部と虚数部から，粒子の減衰係数 α や音速 c を求めることができる。図 3(a)で表せる中空粒子の場合，シェルの外側と内側で二度散乱が生ずるため，8 行 8 列の逆行列を使って求める。

　図 3 に記載したコアシェルモデルの場合，連続相 1，シェル 2，コア 3 の三つの成分について縦波（圧縮）c_{Li} および横波（せん断）の音速 c_{Si}（固体のみ），せん断粘度 η_i，縦波固有減衰係数 α_i，密度 ρ_i などのパラメータを与えて計算する（$i = 1, 2, 3$）。本研究における Pickering エ

15

表1 連続相である水溶液，コアであるヘキサデカンの諸物性

Sample	c_{Li} (m/s)	ρ_i (kg/m³)	α_i/f^2 (Np·s²/m)
water	1,496.73	997	4.38×10^{-14}
0.1 mol/L NaCl aq.	1,503	1,003	4.7×10^{-14}
1 mol/L NaCl aq.	1,570	1,030	5.3×10^{-14}
2 mol/L NaCl aq.	1,622	1,073	4.7×10^{-14}
3 mol/L NaCl aq.	1,662	1,101	5.9×10^{-14}
n-hexadecane	1,338	773	1.9×10^{-13}

マルションの場合は，連続相である蒸留水もしくは 0.1〜3 mol/L NaCl 水溶液，コアであるヘキサデカンの諸物性（c_{Li}, ρ_i, α_i/f^2）は表 1 のとおり別に行った超音波実験で既知であり，エマルションの粒径 D も光学顕微鏡であらかじめ求めている。シェルは粒子直径 d が既知の単分散シリカ粒子と蒸留水およびヘキサデカンの混合物（有効な成分）で構成されると考えられるが，この組成比をフィッティングパラメータとして実験事実を満たすように決定していく。有効な成分で平均したシェルの物性を計算し，それを前記した散乱モデルに組み込むことで，Pickering エマルションの超音波特性を解析した。

3 シリカ粒子の表面修飾とエマルションの調製

3.1 シリカ粒子の表面修飾

シリカ粒子として，日産化学社製の公称直径 50 nm の ST-30L，日本触媒社製の直径 100 nm の KE-P10 および 1 μm の KE-P100 を用いた。走査型電子顕微鏡 SEM と透過型電子顕微鏡 TEM を用いてあらかじめ正確な粒径分布を求めた。その結果，平均直径 d はそれぞれ $d =$ 55.82 nm，116.3 nm，1.07 μm であり，d で規格化された標準偏差 CV はそれぞれ CV = 0.24，0.63，0.031 であった。粒子の密度は，浮沈法で求め，その結果は，2,070，1,910，1,870 kg/m³ であった。Pickering エマルションを作製するためには，あらかじめ親水性のシリカ粒子の表面をある程度疎水性に処理する必要がある。そこで，ジメチルジエトキシシラン（DMDES）を酸性触媒下で反応させた。表面修飾の程度は熱重量分析 TGA で確認した。

3.2 エマルションの調製

Pickering エマルションは，表面修飾したシリカ粒子の水溶液と油相になるヘキサデカンを高速ホモジナイザーを用い，6,000 rpm で 10 分間高速攪拌することで得た。ヘキサデカン油滴の表面における固体被覆充填度は，シリカ粒子間の斥力反発で制御できると考えられる。そこで，あらかじめ所定の濃度で調製した NaCl 水溶液を連続相として用いた。Pickering エマルションの直径 D は，10〜30 μm になるように調製した。図 5(a)に示すように，シリカ粒子がヘキサデカンの油滴をうまく被覆した場合には Pickering エマルションが得られるが，シリカ粒子の親水

第2章　シリカナノ粒子の被覆によるPickeringエマルションの超音波解析

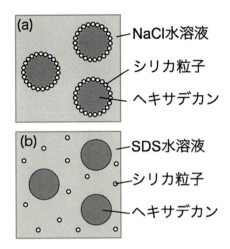

図5　(a) Pickering エマルションおよび(b)シリカ粒子懸濁液中のヘキサデカン油滴の模式図
Reproduced from Kanamori *et al.*,[5)] by permission of Elsevier.

性が高い場合には被覆はうまくいかず，図5(b)に模式的に示すようにシリカ粒子は連続相である水相に存在すると考えられる。このような状況を意図的に作り出すために，あらかじめヘキサデカン油滴を少量の界面活性剤（ドデシル硫酸ナトリウム）で安定化させたエマルションを作製し，連続相には親水性のシリカ粒子を導入した。議論を明快にするためにSDSで安定化したエマルションは直径Dが揃うよう，SPG（シラス多孔質ガラス）膜乳化法[6)]を用いた。

4　超音波散乱の解析結果

図6(a)にSDSで安定化したヘキサデカン／水エマルションの超音波減衰係数α/f^2および位相音速cの周波数f依存性を示す。白抜きのシンボル丸，四角，三角はそれぞれ，ヘキサデカン油滴の直径Dが$D=7.7\,\mu\mathrm{m}$, $17.9\,\mu\mathrm{m}$, $32.8\,\mu\mathrm{m}$の結果を示す。いずれの結果も，超音波散乱解析で得た計算結果（実線）で非常によく再現することができる。α/f^2およびcは，油滴のサイズ分布と液体の化学的性質で決まる。また，連続相を純水ではなく，シリカ粒子懸濁液を用いて，SDSで安定化したエマルションの超音波解析を行った。図6(b)に示すように連続相がシリカ懸濁液である場合には，図中の破線で示すシリカ粒子のみの散乱曲線と，点線で示すSDSで安定化したエマルションを足しあわせた実線でうまく再現することができる。

さて，100 nmのシリカ粒子を用いたPickeringエマルションに対して，前述と同様の超音波解析を行った結果を図6(c)に示す。NaCl濃度は1 mol/Lである。上段はα/f^2，下段はcのf依存性である。図に示すように，前記の解析法と同様に，シリカ粒子(A)とヘキサデカン油滴(B)のスペクトルの和としてα/f^2の計算を行うと，実線のように実験結果を全く再現しないことがわかる。このことは，シリカの存在を考慮しても，ヘキサデカン油滴の球状散乱がモデルと

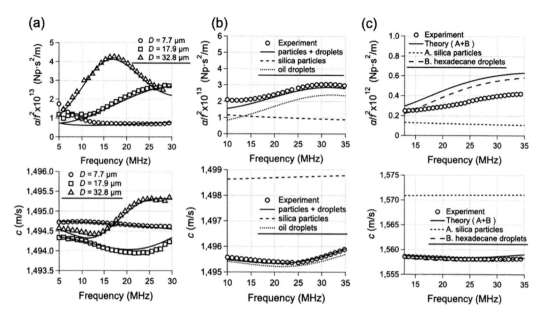

図6 (a)ヘキサデカン/水エマルション，(b)シリカ粒子懸濁液と(a)の混合液，(c) Pickering エマルションの超音波減衰係数 α/f^2 および位相音速 c の周波数 f 依存性
Reproduced from Kanamori et al.,[5] by permission of Elsevier.

して不適切であることを意味する。そこで以下では単純な球ではなく，コアシェルモデルに基づいて超音波の散乱挙動を再現してみる。

　図7に連続相が NaCl 濃度 0.1〜3 mol/L の塩水溶液で，ヘキサデカン油滴の被覆に公称直径 50 nm のシリカ粒子を用いた Pickering エマルションの α/f^2 および c の f 依存性を示す。実線は，コアシェルモデルを用いた計算結果である。シェルはシリカ粒子と塩水溶液の混合物と考えられるが，シェル部分のうちシリカ粒子の実質の占有体積は最大でも 60% 程度である。実際には図3(c)に示したように，シリカ粒子の斥力反発によって，さらにシリカ粒子の実効被覆率が低下するはずである。そこで，図7では，シリカ粒子と塩水溶液の比率を変えて計算した結果も示している（グレーの線）。様々な計算の結果，例えば 0.1 mol/L の NaCl 溶液と公称直径 50 nm のシリカ粒子を用いた場合には，シェル部分のシリカ粒子の充填率が約 20 vol% で Pickering エマルションの超音波スペクトルをうまく再現することがわかった。音速の変化は非常に小さいので，減衰係数について比較を行った。ここで用いたパラメータは，表2の通りである。また，塩濃度の増加(a)→(d)に伴って，シェル中のシリカ導入率 φ_{si} も増加していくことがわかった。これは，シリカ粒子間の静電反発が軽減した結果であると考えられる。

第 2 章　シリカナノ粒子の被覆による Pickering エマルションの超音波解析

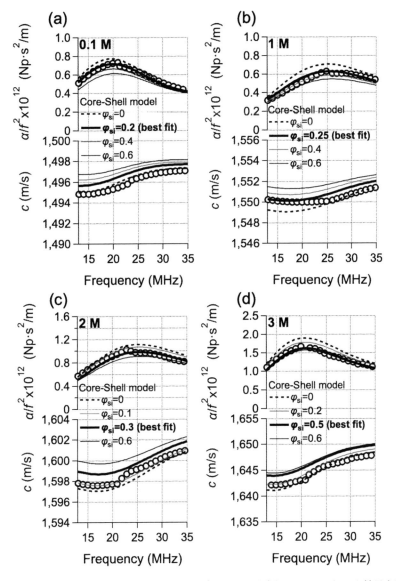

図 7　連続相に NaCl 水溶液，コアとしてヘキサデカン，公称直径 50 nm のシリカ粒子を用いた Pickering エマルションの α/f^2 および c の f 依存性とコアシェルモデルを用いた計算結果
Reproduced from Kanamori et al.,[5] by permission of Elsevier.

表 2　連続相に NaCl 水溶液，コアとしてヘキサデカン油滴，公称直径 50 nm のシリカ粒子を用いた Pickering エマルションの超音波スペクトルを再現するのに用いたパラメータ

NaCl (M)	ϕ	φ_{si}	c_{L2} (m/s)	c_{S2} (m/s)	ρ_2 (kg/m³)	α^2/f^2 (Np·s²/m)
0.1	0.0266	0.2	3,067	1,408	1,221	3.6×10^{-14}
1	0.0221	0.25	3,278	1,524	1,301	3.3×10^{-14}
2	0.0257	0.3	3,454	1,621	1,380	3.6×10^{-14}
3	0.0277	0.5	4,005	1,942	1,604	2.0×10^{-14}

5 まとめと展望

　液体中に分散する球状粒子の超音波散乱モデルは，古くからエマルションを無希釈で評価するために用いられてきた。固体粒子で安定化されたエマルションすなわち，Pickering エマルションの解析もまた同様に実験的には行われてきたが，この解析において球状の粒子を仮定した研究が多い。そのため，実験的に得られたスペクトルは，理論的に説明することが困難であった。本研究では固体ナノ粒子の被覆層をシェルと見立てたコアシェルモデルを用いて Pickering エマルションの新しい構造解析を行った。その結果，Pickering エマルションの超音波散乱の実験結果をモデルで再現できるだけでなく，油滴を被覆している固体ナノ粒子の充填密度に関する知見も得られるようになった。今後は，この様なコアシェル構造のみならず，粒子内部がさらに小さな微粒子で構成された階層構造や凝集体の「硬さ」「脆さ」評価へと発展する予定である。

文　　　献

1)　D. J. McClements, *Soft Matter*, **8**, 1719（2012）
2)　W. Ramsden, F. Gotch, *Proc. R. Soc. Lond.*, **72**, 156（1904）
3)　S. U. Pickering, *J. Chem. Soc., Trans.*, **91**, 2001（1907）
4)　A. D. Dinsmore *et al.*, *Science*, **298**, 1006（2002）
5)　C. Kanamori *et al.*, *Ultrasonics*, **116**, 106510（2021）
6)　S. Omi *et al.*, *J. Appl. Polym. Sci.*, **57**, 1013（1995）

第3章 リグニン微粒子によるピッカリング
エマルションの安定化

吾郷万里子[*]

1 緒言

リグニンは木質の構成成分の一つであり，バイオマス資源としてセルロースに次ぐ賦存量を誇る。大規模スケールでのリグニンの主な供給源は，パルプ化工程の副産物として生成されるいわゆる黒液であり，クラフトリグニン，リグニンスルホン酸塩などが含まれる。現状これらのリグニンは，熱電供給のためオンサイトで燃料として利用されており，材料・素材として利用されるのはごく一部である。しかしながら黒液から抽出されたリグニンは，適切な手法により，機能性材料に変換可能であることから，様々な用途への新たな機会，潜在性を有している。本稿では，リグニンの利用用途の拡大と，環境問題の解決のため，数種のリグニンを原料として，気相を介した新しいナノマテリアル調製法としてエアロゾルフロー法による球状リグニン微粒子の開発と得られたリグニン微粒子の特性を踏まえ，ピッカリングエマルションの安定化剤として応用した例について記述する。

2 エアロゾルフロー法による球状リグニン粒子

2.1 エアロゾルフロー法による球状リグニンナノ～マイクロ粒子の合成と特性評価

生物圏に最も豊富に存在する生体高分子の中でも，リグニン分子は固有の会合傾向を有していることが報告されている[1~3]。この特性を踏まえたナノ～マイクロ粒子の合成ルートはいくつか報告されているが[4]，ここではエアロゾルフロー法を用いることにより，球状リグニン微粒子を合成した[5]。

エアロゾルフロー法によるリグニン微粒子合成のプロセスは，アトマイザー等により前駆体であるリグニン溶液を霧状にしたエアロゾルを，キャリアガスとともに加熱したチューブを通過させることで，溶媒を蒸発させながら固化させることにより，乾燥状態の粒子を得るものである。微粒子回収部にバーナー型インパクターを付属することにより，粒径分画も可能となる。エアロゾルフロープロセスの利点として，湿式および固相化学プロセスと比較して，廃液が少ない，微粒子の回収が簡単で低コスト，処理工程数が少ない，連続運転が可能，生成物の収率が高い，などが挙げられる。さらに気体中での溶媒の蒸散などの輸送現象を運転パラメータにより制御可能

---

[*] Mariko AGO 東京農工大学 農学府・農学部 環境循環材料科学講座

であるため,微粒子の粒径や形態の制御も可能である。

　エアロゾルフローリアクター(Fig. 1)を用いて,クラフトリグニン(KL)の前駆体溶液からリグニン微粒子を合成した結果を示す。リグニン微粒子の回収には,10段階に分画できるバーナー型のインパクターを用いた。得られたリグニン微粒子のSEM画像を示す(Fig. 2a, フラクション1, 4, 8を掲載)。リグニン微粒子は球状で平滑な表面を有することがわかる。また各画分から得られたリグニン微粒子の平均粒径は〜30 nm〜2 μm程度の範囲にあった(Fig. 2b)。なお,本法によるリグニン微粒子の収率は溶液や装置の運転条件により異なるが,概ね60%以上である。Fig. 2cはクラフトリグニン微粒子のTEM顕微鏡写真であり,粒子内部が均質であり,また完全に近い球形に固化していることがわかる。インバースガスクロマトグラフィー法により,リグニン微粒子の表面エネルギーを測定した結果,エネルギー的にも均質であることが明らかとなった[6]。また,オルガノソルブリグニン(OL)やリグニンスルホン酸を用いた場合でも,同様に球状のリグニン微粒子が得られることがわかっている。エアロゾルフロー法による液滴〜微粒子形成のプロセスを考慮し,温度等の運転パラメータを変化させることによって,粒子表面にしわ形成を誘導することができ,微細な凹凸構造を持つリグニン微粒子の合成も可能である(Fig. 2e)[7]。

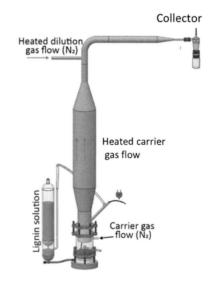

Fig. 1　Simplified experimental aerosol-flow reactor setup for the synthesis of lignin particles.

第3章　リグニン微粒子によるピッカリングエマルションの安定化

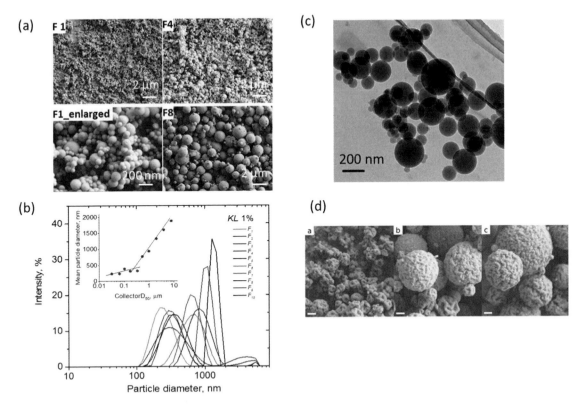

Fig. 2 (a) SEM micrographs of Kraft lignin (KL) particles to illustrate the change in particle size with fraction number Fi Scale bar is 2 μm or 200 nm. (b) Particle distribution of the particles from 1% Kraft lignin precursor solution. (also shown as a plot for average size inserted). (c) TEM micrograph of KL solid particles from the F5 fraction. Scale bar= 200 nm. (d) SEM images of lignin wrinkle particles from different size fractions with increasing mean particle size from left to right. Scale bar=200 nm.

2.2 リグニン微粒子によるピッカリングエマルションの安定性の評価

　エマルションは一般に，安定剤，分散相，および連続相から構成され，従来のエマルションでは，安定化剤は界面活性剤が用いられる。エマルションは熱力学的に不安定であるため，時間の経過とともに合一，凝集，およびオストワルド熟成等によって解乳化する傾向がある。固体微粒子が水と油の両方に濡れ性を有するとき，微粒子が油/水の界面に吸着することにより，界面活性を示し，いわゆるピッカリングエマルションが形成される。ピッカリングエマルションに固体粒子を使用すると，粒子が油/水界面に不可逆的に吸着し，液滴表面に物理的なバリアが形成されることにより，より安定性の高いエマルションが得られるとされる。生体と環境適合性の観点から，多糖類，タンパク質といった様々なバイオベースの微粒子によるピッカリングエマルションの安定化が検討されている[8,9]。

　エアロゾルフロー法で得られたクラフトリグニン微粒子（KL）またはオルガノソルブリグニ

ン微粒子(OL)も両親媒性を有することから，ピッカリングエマルションの安定化剤としての機能について，(i)水相に初期分散したリグニン微粒子の濃度，(ii)微粒子の粒径と粒度分布，(iii)乳化時間が分散相（油滴）のサイズに及ぼす影響，の観点より評価した。なお，クラフトリグニン微粒子とオルガノソルブリグニン微粒子の比較では，クラフトリグニン微粒子のほうがやや親水性が高い。はじめに，各リグニン微粒子の濃度を0.1〜0.6%（w/v）となるよう水中に分散させた。次にケロシンを水と等量加え，プローブ超音波で3分間処理することにより，ピッカリングエマルションを得た。各リグニン微粒子は，粒径別に"small"（ϕKL-s＝356±14 nm, ϕOL-s＝679 nm）または"large"（ϕKL-l＝1019±144 nm and ϕOL-l＝1897 nm）を用いた。Fig. 3aには，KL微粒子によって安定化されたピッカリングエマルションの外観を示す。リグニンの自家蛍光を利用したエマルションの共焦点画像から，KL微粒子が油（内相または分散相）と水（外相）の界面に着していることが見て取れる（Fig. 3b）。KL微粒子によって安定化されたO/Wエマルションは，密閉されたガラス容器中に保存すると，2ヶ月以上にわたって相分離の体積にはほとんど変化が見られず，非常に安定なエマルションが形成された。さらに，遠心分離（2000 rpm，2分間）処理後の乳化部分の体積分率を調べた。その結果，ϕKL-sで安定化されたエマルションの保持体積は，粒子濃度が0.1，0.3，および0.6%の場合，それぞれ遠心分離前と比較して，0.48，0.7，および0.7となり，KL粒子が小さく，かつ高濃度

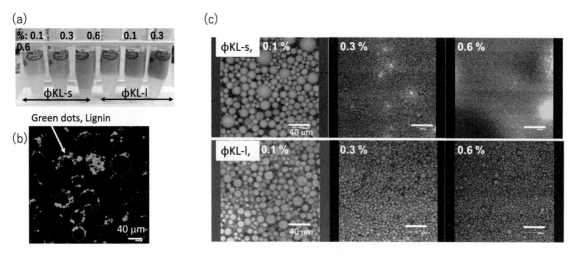

Fig. 3 (a) Photograph of kerosene-in-water Pickering emulsions (oil volume fraction=0.5) stabilized with KL particles of two different sizes (ϕKL-s=356 and ϕKL-l=1019 nm) at particle concentrations from 0.1 to 0.6%, as noted. (b) Autofluorescence images of KL particles adsorbed at the oil-water interface in a Pickering emulsion containing 0.3% of ϕKL-s particles (no fluorescence dye was applied). The circles are drawn as a guide to the eye. (c) Confocal micrograph of kerosen-in-water Pickering emulsions (oil volume fraction=0.5) stabilized with KL particles with different size (upper, ϕKL-s=356±14 nm and bottom, ϕKL-l=1019±144 nm) and given particle concentration (0.1-0.6%) after 1 min emulsificaton. Scale bar=40 μm.

第3章 リグニン微粒子によるピッカリングエマルションの安定化

（0.6%）であるほど，乳化層の保持体積が最も高い結果となった。このことは，粒子径が小さく，かつ粒子濃度がより高い場合，エマルションの安定性が高いことを示している。また，リグニン微粒子の濃度はエマルション中の油滴のサイズにも影響を与え，ϕKL-s では，その濃度に応じて，油滴サイズが 5～17 μm，ϕKL-l では 4～16 μm の範囲となり，粒子濃度が高くなるにつれて，油滴サイズは小さくなり，かつ油滴サイズの均一性も向上した。一方，乳化時間を短縮すると，油滴サイズは大きくなった。

Fig. 4 には，KL 微粒子で調製したピッカリングエマルションを凍結乾燥後，形態観察をした結果である。リグニン微粒子は液滴の周囲に密集して吸着，油滴を被覆していることが観察され，液液界面に特徴的な粗さをもたらしていることがわかる。リグニン微粒子の粒径が均一でないため，隣接する粒子同士が高密度にパッキングした様子が見て取れ，固体微粒子間の相互作用により，強固な被覆膜を形成していることが推測される。この特徴的な超粒子構造による被覆膜の形成により，油滴の合一，ドレインが抑制されるため，上述したピッカリングエマルションの長期間にわたる安定性に寄与しているものと考えられた。

一方，より疎水性の OL 微粒子を用いて同様に調製した O/W ピッカリングエマルションでは，エマルションの凝集が観察され，KL 微粒子を用いた場合に比べて安定性が低いことがわかった。したがって，本系では，微粒子の粒径，濃度に加え，表面の親・疎水性がエマルションの安定性に重要な役割を果たすと考えられる。

以上の結果より，エアロゾルフロー法によって合成されたリグニン微粒子は，均一な表面エネルギーを有し，ピッカリングエマルションに対する優れた安定剤としての優れた特性が示された。リグニン微粒子の粒径や，粒度分布，濃度および表面の親・疎水性により，異なる安定を有するエマルションを調製できることが示された。さらに，乳化プロセス（投入エネルギー）によっても，液滴サイズや分布といったエマルションの微細構造が変化するため，エマルションの安定性に影響を与えることを示した。とりわけ，リグニン微粒子の粒径のばらつきは，油滴表面

Fig. 4 SEM micrographs of freeze-dried KL particle-stabilized O/W Pickering emulsions after freezing in liquid nitrogen. The micrographs were taken from the same sample at different locations. The emulsion was stabilized with the KL particles (ϕKL-s=356±14 nm) at 0.3% concentration.

での密な超粒子構造を形成することが可能であり，液滴の被覆性を高めていることが示唆された。

　本系の球状リグニン微粒子は，油中または水中において高剪断処理をした後も，形態に変化はなく優れた機械的特性を示すことから，様々なアプリケーションにおいて望ましい特性を有すると考えらえる。また，環境適合性が高いことから，化粧品，食品，医療機能材料などの用途への適用も考えらえる。一例としては，リグニンの化学構造（芳香環）に由来する UV 吸収性と高密度に吸着した微粒子膜に着目した機能性として，油滴内のクルクミンの光分解を大幅に抑制することを実証した[10]。

謝辞

　本研究は JSPS 科研費 JP19K23688 および 21K05156, the Academy of Finland through its Centres of Excellence programme（2014-2019），"Molecular Engineering of Biosynthetic Hybrid Materials Research"（HYBER），公益財団法人 藤森科学技術振興財団研究助成金，助成を受けたものです。

文　　献

1) Xiao, L.-P. *et al.*, *BioResources*, **6**(2), 1576-1598（2011）.
2) Zeng, M. *et al.*, *Biotechnol. Bioeng.*, **109**(2), 398-404（2012）.
3) Ji, Z. *et al.*, *Biotechnol. Biofuels*, **8**(1), 103（2015），https://doi.org/10.1186/s13068-015-0282-3.
4) Österberg, M. *et al.*, *Green Chem.*, **22**(9), 2712-2733（2020），https://doi.org/10.1039/D0GC00096E.
5) Ago, M. *et al.*, *ACS Appl. Mater. Interfaces*, **8**(35), 23302-23310（2016），https://doi.org/10.1021/acsami.6b07900.
6) Suzuki, M. *et al.*, *Cellulose*, **29**, 2961-2973（2022），https://doi.org/10.1007/s10570-022-04429-5.
7) Kämäräinen, T. *et al.*, *ACS Sustain. Chem. Eng.*, **7**(20), 16985-16990（2019），https://doi.org/10.1021/acssuschemeng.9b02378.
8) Yan, X. *et al.*, *Trends Food Sci. Technol.*, **103**, 293-303（2020）.
9) Bai, L. *et al.*, *Food Hydrocoll.*, **96**, 699-708（2019）.
10) Ago, M., *Research Final Report, Fujimori Science and Technology Foundation*; 2023.

第4章　ピッカリングエマルションにおける粒子の異方性の効果

岩下靖孝*

1　はじめに

ピッカリングエマルション（Pickering-(Ramsden) emulsion, 以下 PE）は微粒子（コロイド粒子）の界面活性により安定化されたエマルションであるが[1]，界面活性の起源は，粒子の液-液界面への吸着による界面エネルギーの低下にある。そのため，微粒子の両親媒性のような表面物性の異方性や，粒子形状の異方性が界面活性に大きく影響する。また，このような粒子の異方性は，界面での粒子の充填構造にも大きく影響するため，PE 液滴の融合に対する安定性や力学特性（粘弾性），界面を通じた物質交換など，液滴や PE 全体の物性・機能性にも大きく影響する。本章では，粒子の異方性が界面活性に及ぼす影響について PE の基本的な式に基づいて簡単に説明したあと，粒子の両親媒性や異方形状が凝集構造や PE の構造に及ぼす影響について，実験例に基づいて説明する。

2　粒子の異方性と界面活性

エマルション化される非相溶な2つの流体相を，以下では「水」と「油」で代表する。粒子がこの2液相に対して部分濡れする場合，粒子が水-油界面に吸着することにより，系全体の界面エネルギーを減少させることができる（図1ab）。均一な表面物性を持つ球状粒子が界面張力 γ の界面に吸着する場合，界面エネルギーの減少量 ΔE_h は以下のように表される[1]。

$$\Delta E_h = \pi r^2 \gamma (1 \pm \cos\theta) \tag{1}$$

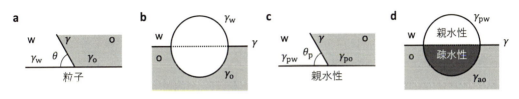

図1　水-油界面に吸着した粒子の模式図

---

*　Yasutaka IWASHITA　京都産業大学　理学部　物理科学科　ソフトマター物理学研究室　教授

（r は粒子の半径，θ は水側から測った平衡接触角。）ΔE_h は吸着エネルギーと呼ばれ，粒子を界面から引き離すために必要なエネルギーに対応する。$\pm$ はどちらの液相から吸着したか（どちらの液相側に引き離すか）に対応し，通常は ΔE_h が小さい方を吸着エネルギーとする。部分濡れする場合（$0° < \theta < 180°$），ΔE_h は必ず正となり，すなわち界面エネルギーが減少するが，これは粒子が吸着した部分の水–油界面が無くなることに由来する。実際，吸着エネルギーは $\theta = 90°$ のときに最大値 $\pi r^2 \gamma$ を取るが，これは球の断面積（＝吸着で無くなった水–油界面面積）分の水–油界面のエネルギーに等しい。また，吸着エネルギーは，一般に熱揺動のエネルギーよりも遥かに大きい。たとえば，$\gamma = 50 \, \mathrm{mN/m}$ とすると，ΔE_h はかなり小さめの粒子（粒径 10 nm 程度）でも容易に $10^3 \, k_B T$ を超える（k_B はボルツマン定数，T は絶対温度）。そのため，界面への粒子の吸着は，熱揺動に対して不可逆と見なせる。また，界面活性剤系（両親媒性分子系）と比べると，粒子数（分子数）自体も少なくなるため，通常はピッカリングエマルションの議論では粒子の配置のエントロピー等の寄与を無視して，界面エネルギーの寄与のみを考えれば良い。

　粒子の界面活性が最大である $\theta = 90°$ のとき，ヤングの法則より，粒子–水界面と粒子–油界面の界面張力 γ_w と γ_o は等しい。そのため，粒子が界面に吸着されても粒子表面の界面エネルギーは変化せず，界面エネルギーの変化は水–油界面面積の減少のみに帰すことができる。よって，水–油界面が x の割合でこのような粒子に被覆されたとき，実効的な界面エネルギーは $\gamma_\mathrm{eff} = (1-x)\gamma$ となる。現実的な粒子を考えれば，通常は $0 < x < 1$ であるため，γ_eff は必ず正の値を取ることになる。つまり，粒子被覆により界面エネルギーが減少する場合であっても，（粒子被覆された）水–油界面面積を最小化した状態，つまり，水と油が巨視的に分離した状態が系の自由エネルギーが最小の状態であり，すなわち熱力学的平衡状態となる。逆に言えば，粒子により安定化された水–油分散状態である PE は，通常は準安定状態（最安定ではないが，熱揺動のような小さな擾乱に対しては安定な非平衡状態）であり，実現される状態は混合過程（形成キネティクス）に強く依存する。

　ここまでの議論から，粒子形状が界面活性に大きく影響することが分かる。水・油に同様に濡れる球の場合，界面被覆率 x の最大値は 0.91（界面が平面とみなせる場合）であるが，たとえば正三・四・六角形のように平面の完全充填が可能な形状であれば，より 1 に近い被覆率を取り得るので，実効的な界面エネルギーをさらに小さくできる。また，棒のような伸びた形状のランダムな平面充填であれば，被覆率はかなり小さくなり，界面エネルギーはあまり減少しない。他方で，被覆率（空隙率）は界面を通じた物質交換を特徴づけるパラメータでもあり，形状と被覆率の関係は PE の機能にも関わる。

　また，上記の正多角形の平面充填の例のように，形状による剛体的な相互作用は充填構造の対称性にも大きく影響するため，粒子被覆された界面そして PE 液滴の力学物性（粘弾性など）にも大きく影響すると考えられる。他に，厚さ方向（界面と垂直方向）の形状は，立体的な相互作用により，粒子被覆された界面間（液滴間）の融合に対する安定性に大きく影響する。

　さて，微粒子は両親媒性分子と比して巨大な吸着エネルギーを持ち，強固な吸着膜を形成でき

第 4 章　ピッカリングエマルションにおける粒子の異方性の効果

るが，そのエマルションは両親媒性分子（のマイクロエマルション）と異なり準安定状態であることが分かった。ここで，微粒子にも両親媒性を付与すれば，より高い界面活性が得られるのでは，と考えるのは自然な発想であろう。図 1d のように，疎水（非極性）半球と親水（極性）半球からなる両親媒性粒子を考える（このように，物性の異なる 2 つの部分からなる粒子をヤヌス粒子と呼ぶ）。この粒子が油相から図 1d のように界面に吸着する場合，界面エネルギーの減少量 ΔE_a は以下のように表される。

$$\Delta E_\mathrm{a} = \pi r^2 \gamma + 2\pi r^2 (\gamma_\mathrm{po} - \gamma_\mathrm{pw}) \tag{2}$$

（γ_po, γ_pw は，それぞれ粒子の疎水面と油相，水相との間の界面張力。）右辺第 1 項は水-油界面の減少，第 2 項は親水半球の油相から水相への移動によるエネルギーの変化を表す。たとえば親水面の接触角 θ_p が 60° であっても，$\cos \theta_\mathrm{p} = (\gamma_\mathrm{po} - \gamma_\mathrm{pw})/\gamma = 1/2$, $\Delta E_\mathrm{a} = 2\pi r^2 \gamma$ となり，同じ大きさで $\theta = 90°$ の粒子の吸着エネルギー（$\Delta E_\mathrm{h} = \pi r^2 \gamma$）の 2 倍となることが分かる。このように，両親媒性により，粒子の界面活性が大きく増強される。なお，水相から界面に吸着する場合は，$\Delta E_\mathrm{a} = \pi r^2 \gamma - 2\pi r^2 (\gamma_\mathrm{ao} - \gamma_\mathrm{aw})$（$\gamma_\mathrm{ao}$, γ_aw はそれぞれ疎水面と油相あるいは水相との界面張力）として，同様の議論ができる。また，各半球に部分濡れする場合など，任意の条件に対する詳細な議論は文献 2 を参照されたい。

　このように吸着エネルギーが増加すると，PE が平衡状態になりうる。均一粒子が両親媒性化し，水-油界面への吸着エネルギーが k 倍になったとする。すると，上記の均一粒子の議論を用い，水-油界面が x の割合で被覆されたときの実効的な界面エネルギーは $\gamma_\mathrm{eff} = (1 - kx)\gamma$ となる。k が上記のように容易に 2 倍以上になりうること，x が 0.5 以上になりうることから，両親媒性と被覆率が十分に大きければ，γ_eff が負になることが分かる。すると，粒子被覆界面を作れば作るほど系のエネルギーが減少するため，全粒子が界面に吸着したエマルション状態がエネルギーが最小の状態，つまり平衡状態となる。PE 化されていても分子レベルの物質（水，油）の拡散は存在するため，準安定状態ではゆっくりとした構造の粗大化（巨視的分離状態への構造の発展）が生じる。よって，両親媒性付与による PE の平衡化は，構造（混合状態）の長期的な安定化にも寄与する。他方で，均一粒子であれ両親媒性粒子であれ，粒子の吸着エネルギーは熱揺動のエネルギーよりも遥かに大きいため，実際に実現される PE 状態は混合過程（形成キネティクス）に依存したものであることには注意が必要である。

3　両親媒性粒子-水-油混合系における構造形成[3]

　ここでは，球状の両親媒性粒子と水，油の 3 成分系における構造形成を調べた実験について述べる。我々は親水的である球状シリカ粒子（粒径 3.0 μm）に，接着層としてクロムを厚さ 3 nm で真空蒸着した後，金を 50 nm の厚さで蒸着し，半球面が金で覆われたヤヌス粒子を作成した。金面をオクタデカンチオールで修飾して疎水化し，両親媒性粒子を得た（図 2ab）[3, 4]。作

29

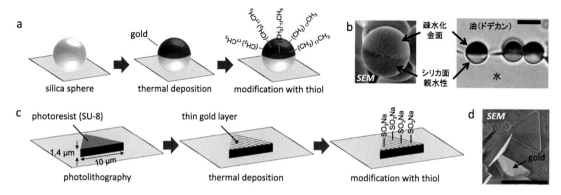

図2　粒子の作成プロセスと作成例（スケールバーは，bは5 µm，dは10 µm。）（文献4，シーエムシー出版より許可を得て転載）

成した粒子は，少量の超純水と共に，多量の n-ドデカン中に超音波洗印加により分散させた。その後，穏やかな撹拌を加えて沈殿を抑制した状態で自己組織的に構造形成させ，得られたものを光学顕微鏡により観察した。なお，超音波による分散の直後の試料の観察や，形成された構造のサイズ分布などから，構造形成過程はいわゆる limited coalescence（水と粒子が微細に分散された状態からのランダムかつ不可逆的な吸着・凝集・粗大化過程）であると考えられる[3]。

形成された構造は，水（少数液相）の量に顕著に依存した（図3a）。水の総体積 V_w と粒子の総体積 V_p の比率を $\alpha = V_w/V_p$ として，粒子に対し水が非常に少ない条件（$\alpha \sim 0$）から多い条件（$\alpha \sim 8$）まで調べた。まず，水がない場合（$\alpha = 0$）は，van der Waals 引力により粒子同士がランダムに結合・凝集する。しかし水がわずかでもあると，親水面間を濡らす水が毛管引力を生じ（図3b），親水面同士がランダムに結合した凝集体が形成された（図3a，$\alpha = 0.09$）。これは，界

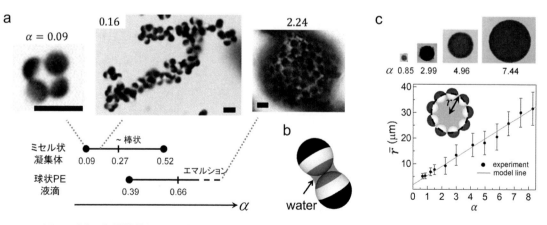

図3　球状両親媒性粒子によるミセル／エマルション構造。a：構造の水-粒子体積比 α 依存性。b：親水面間の毛管吸着の模式図。c：液滴サイズの α 依存性。（スケールバーは5 µm。）（文献2，American Chemical Society より許可を得て転載）

面活性剤の（逆）ミセルに相当する。水の量が増加すると，凝集体は棒状（一次元状）になり（$\alpha = 0.16$），太さも増加していく。さらに水が増加し，水と粒子の体積が同程度（$\alpha \sim 0.5$）になると，内側にバルクの水を内包し，疎水面を外側に向けた球状 PE 液滴が現れた。$\alpha \sim 0.5$ ではミセル状構造と液滴の両方が形成されるが，水の増加に伴い液滴が増加し，$\alpha \gtrsim 0.7$ では液滴のみが観察された（図 3a，$\alpha = 2.24$）。

なお，水-ドデカン間の界面張力 $\gamma = 53$ mN/m，ドデカン中のシリカ表面に対する水の濡れ角 $\theta \approx 40°$ を用いると，毛管引力の大きさは 400 nN 程度となる（この力は，表面間を濡らしている水の体積にあまり依存しない[3]）。これは表面間の典型的な van der Waals 引力（金面間〜50 nN，シリカ面間〜1 nN）と比べ十分に大きい。また，半球面間が引力により結合する場合，棒状構造が最も安定となることが知られている[5]。

次に，エマルション液滴のみが形成される $\alpha \gtrsim 0.7$ において，画像解析により液滴のサイズについて調べた（図 3c）。$\bar{r}$ は液滴半径の平均値であり，各プロット点には標準偏差のバーを付記している。各形成条件において，サイズの CV 値は 24% 程度であり，比較的分散は小さい。また，液滴の平均サイズは，PE においてしばしば見られるように，水量（内相の体積）に対しほぼ線形に増加した。粒子がすべて界面に吸着し，液滴の総界面面積が総体積に依らず一定であるとすると，液滴半径は液滴の総体積に比例する。我々はさらに吸着粒子の体積もあらわに考慮することで，

$$r = 4aC\alpha + 2aC \tag{3}$$

（a：粒子半径，C：界面における粒子の面積分率（2 節の x））の式を得た。図 3c の測定値はこの式とよく一致している。また，(3)式の切片から得られた界面充填率は液滴表面の直接観察から得られたものと一致し，$C = 0.6 - 0.7$ であった。平面での球（円）の最密充填が 0.91 であり，この PE 液滴ではかなり密に界面が充填されていることが分かる。界面に吸着した粒子量も系内に添加した粒子量とよく一致しており，ほとんどすべての粒子が液-液界面に吸着して安定化に寄与する，理想的な界面活性挙動を示していることが分かった。

このように，水-油との混合系において，両親媒性コロイド粒子は両親媒性分子と定性的に同様の構造を形成し，かつエマルション液滴のサイズを粒子の体積をあらわに考慮して記述することができた。他方，前述したように，粒子系では相互作用が熱揺動力よりもはるかに大きいため，両親媒性分子系のものとは異なり，形成された構造は静的・固体的なものとなる。

4　正多角形粒子による PE 液滴[6]

ここでは，正多角形粒子を用いて PE 液滴を形成した実験について述べる。まず，フォトリソグラフィーの手法を用い，光重合性のエポキシ系樹脂（SU-8）からなる，正三・四・五・六角形および円形の粒子を作成した。正多角形の 1 辺および円の直径は 10 µm である。真空蒸着に

より粒子の上面に接着層のクロム（厚さ3 nm）を挟んだ金（厚さ5 nm）の薄膜を形成し，金面を3-メルカプト-1-プロパンスルホン酸ナトリウムで修飾して親水化する（図2cd）。これにより，疎水的である樹脂面と合わせ，両親媒性を持つ。n-ドデカン中で親水面と疎水面における水の接触角を測定し，水-ドデカンの界面張力などを用いて計算したところ，この両親媒性粒子の水-ドデカン界面への吸着エネルギーは，両液相に同程度に濡れる均一粒子の約2倍となった[6]。

3節と同様に，作成した粒子を少量の水とともに超音波印加によりドデカン中に分散させ，ランダムな撹拌を5分間加え，水を内相とするPE液滴を形成した。このときの液滴表面の粒子配列は図4aのように乱れたものであったが，穏やかな撹拌をさらに10分間加えることで，図4bのような密充填構造を実現することができた（図4dも密充填化後のものである）。3節の球状粒子と異なり，粒子形状に異方性があるため，撹拌のアジテーションによる構造緩和が必要となったものと考えられる。また，本節の粒子は厚さ方向に両親媒性を持つため，吸着エネルギーの観点から水-油界面への平行な吸着が強く安定化されるが，2節の議論から，両親媒性がない均一な平板状粒子であっても界面への平行な吸着を好むはずである。実際，蒸着をしない，樹脂のみの均一な粒子を用いて同様の液滴化を行ったところ，粒子は界面へ平行に吸着しPE液滴を形成したが，穏やかな撹拌を加えても密充填構造へ緩和しなかった（図4c）。両親媒性が，界面への平行吸着と密充填構造の形成を促進していることが分かる。

次に，密充填化後の粒子配列について述べる。様々なサイズの液滴が形成されるが，直径が100 μm（〜10粒子分）程度である大きな液滴では，平面における最密充填構造が形成された（図5a-d）。正三・四・六角形粒子では，隙間のない平面充填の特徴が強く現れていることが分かる。なお，この構造を見ても分かるが，正三・四角形では隙間を生じることなく列がずれることが可能である。そのため，充填構造は3回・4回対称性は持たない，つまり2次元結晶的な秩序は持っていない。正五角形・円板粒子の場合，隙間のない平面充填は不可能であるが，形成された構造はいずれも平面における最密充填構造の特徴を持つことが分かっている。円板の構造は正六角形と同様の六方格子（三角格子）状であり，正五角形のものもそれに近いが，少し異なる配列となる。また，図5a-dで粒子が濃い色に見える部分は粒子が重なったものである。

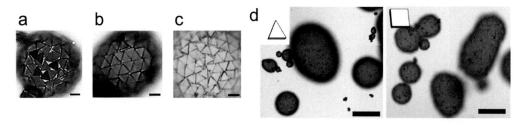

図4　形成したPE液滴表面の様子（a-c）と液滴全体の様子（d）。（スケールバーは，a-cは10 μm，dは200 μm。）（文献6, American Chemical Societyより許可を得て転載）

第 4 章　ピッカリングエマルションにおける粒子の異方性の効果

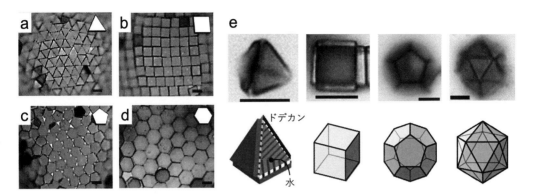

図5　大きな液滴表面の密充填構造 (a-d) と小さな液滴 (d)。(スケールバーはすべて 10 μm。)(文献6, American Chemical Society より許可を得て転載)

　液滴のサイズが小さくなって行くと，液滴表面が粒子にとって平面的とは見なせなくなり，充填構造は不規則なものとなった。しかし正三・四・五角形粒子系において，数粒子分程度のサイズの小さな構造体（単なる粒子の凝集体と思われるものも含む）を調べると，約3割がそれぞれ正四面体・立方体・正十二面体といった正多面体構造であることが分かった（図5e）。これは水と粒子が微細に分散された状態からのランダムかつ不可逆な構造形成により生じたことを考えると，十分に高い比率であり，このような正多面体構造が構造形成過程において好まれるものであることが分かる。

　これらが好まれる理由は，エネルギーおよび動力学的な観点で説明できる。これらの構造は各粒子形状で形成できる最小の閉じた構造であり，粒子間のわずかな空隙を除き，液-液界面は存在しない。通常は，液-液界面が露出している液滴同士が融合・粗大化していくので，上記の正多面体のような閉じた構造が最終的に残ると考えられる。他方，粒子に被覆されていない球状の水滴と比べると，正多面体液滴内の水の表面積自体は増加しており，界面エネルギーの観点では不利なようにも見える。しかし，粒子の親水面，疎水面と水-ドデカンとの接触角，水-ドデカンの界面張力を用いて計算すると，粒子に囲まれた正多面体液滴の方が裸の液滴よりも低い界面エネルギーを持つこと，すなわち粒子の強い両親媒性が正多面体液滴をエネルギー的にも強く安定化していることが分かった。

　以上をまとめると，両親媒性により粒子の界面活性を増大することで，粒子の幾何学的特徴が強く反映された PE 液滴が実現されることが分かった。

5　最後に

　このように，粒子に異方性を付与することにより，粒子の界面活性を高めて界面活性剤の平衡構造に相当するものを形成すること，粒子レベルで構造を制御することが可能であることが分かった。前述のように，これらはエマルションの安定化（平衡化）や物性・機能性に大きく関わり，新規な，有用なエマルション材料の実現にも役立つと考えられる。たとえばドーナツのように穴の空いた板状粒子を用いて，液滴内外の物質交換を制御する，厚さ方向の形状をデザインして，液滴の融合に対する安定性を制御するなど，様々な可能性がある。近年のナノ–マイクロ科学の発展により，多種多様な異方性を持つコロイド粒子が日々開発されている。本章の内容は，このような異方性微粒子一般のピッカリングエマルションへの適用について，指針を与えるものでもある。

　さらに，触媒反応などで自らエネルギーを消費して運動する粒子系（自己駆動粒子，アクティブマター）などの新たな概念と組み合わせることで，従来のものとは質的に異なるエマルション系が実現される可能性もある。基礎と応用，両面におけるピッカリングエマルションの今後の発展に期待したい。

文　　　　献

1)　B. P. Binks, *Curr. Opin. Colloid Interface Sci.*, **7**, 21 (2002)
2)　R. Aveyard, *Soft Matter*, **8**, 5233 (2012)
3)　T. G. Noguchi *et al.*, *Langmuir*, **33**, 1030 (2017)
4)　岩下靖孝ほか，月刊ファインケミカル 2019 年 3 月号，pp. 5-11 (2019)
5)　Q. Chen *et al.*, *Science*, **331**, 199 (2011)
6)　R. Koike *et al.*, *Langmuir*, **34**, 12394 (2018)

第5章　界面活性剤吸着膜の相転移を応用した ピッカリングエマルションの自発解乳化

松原弘樹*

　ピッカリングエマルションは，界面活性剤を用いた従来の乳化に比べ，経時安定性が高い点が注目されることが多いが，本稿では，界面活性剤の吸着による油水界面張力の制御を基盤としたピッカリングエマルションの自発解乳化の可能性について解説する。

1　はじめに

　ピッカリングエマルションは，油水界面に微粒子が吸着することによって安定化された乳化系である。微粒子の油水界面吸着の駆動力は，粒子の吸着によって油水界面の面積が減少し，界面エネルギーが低下することにある。しかしながら，たとえば，水中に分散している粒子が油水界面に吸着すると，油水界面の面積の減少と同時に，粒子と油の界面が新たに形成されるため，粒子が界面に吸着するか，水中に分散するかは，粒子，水，油間の界面張力のバランスを考慮して判断しなければならない。本来，水に分散する粒子が油水界面張力に吸着するのであるから，粒子-油間の界面エネルギーは相応に大きい可能性もあり，したがって，油水界面張力が，粒子-油間の界面張力と比べて小さければ，粒子の界面吸着にはエネルギー的なメリットはなく，ピッカリングエマルションの形成は熱力学的には不安定になる。

　溶媒が無極性油と水であれば，油水界面張力は十分に大きいので，ピッカリングエマルションの調製は容易である。この場合，粒子は使用した油との親和性によって有限な接触角で油水界面に吸着する。固体（粒子）と液体の間の界面張力を実験的に評価できる一般的な方法は存在しないので，粒子と油の親和性は，粒子と同じ材質の固体基板上での油摘の接触角から間接的に評価するしかないが，特定の溶媒と粒子の組み合わせでピッカリングエマルションを形成できるかどうかは，粒子を分散させた状態で油水界面張力を測定し，純粋な溶媒間の界面張力に比べて，界面張力がどの程度低下するかという情報から定性的に判断することができる。著者の経験からは直径1ミクロン程度の粒子の分散液と油の界面張力であれば，懸滴型の界面張力測定装置である程度正確に測定することは可能である。一方，極性油と水の界面のように界面張力がかなり小

**　*　Hiroki MATSUBARA　広島大学　大学院先進理工系科学研究科　化学プログラム**
　　　　准教授

さいと予想される場合には，粒子の選定に（ヤヌス粒子を用いるといったような）工夫が必要になる。以上のような条件を考慮して調製されたピッカリングエマルションは，冒頭で述べたように，界面活性剤を乳化剤とした従来の乳化系に比べ，経時安定性は総じて非常に高い。

ところで，ピッカリングエマルションについては，アミノ酸や PEG 等で粒子を被覆（化学修飾）することで，pH や温度を使って粒子の水溶性を変化させ，解乳化を促進して内放物を放出させる研究も盛んに行われている[1,2]。この例に限らず，排水や排油中で共存する様々な粉体が意図せずにピッカリングエマルションを形成してしまうことも考えられるため，ピッカリングエマルションの汎用的な解乳化法の確立には一定の需要があるものと思われる。そこで本稿では，著者らが最近報告した，界面活性剤と粒子の油水界面への競争吸着を応用したピッカリングエマルションの自発解乳化の事例について解説する[3]。

2　界面活性剤吸着膜の相転移

当然のことではあるが，油水界面張力は，界面活性剤の濃度とともに減少する。したがって，油水界面に粒子が吸着した粒子膜の界面張力と，界面活性剤吸着膜の界面張力を比較して，粒子膜の界面張力が低ければ，撹拌や超音波処理によって安定なピッカリングエマルションを調整することができるし，界面活性剤が単独で吸着した方が界面張力が下がるのであれば，ピッカリングエマルションは形成できない。この様子を模式的に表すと図1のようになる。勿論，粒子の界面被覆率が十分でない場合には，粒子と界面活性剤の両方が同時に吸着することも考えられ

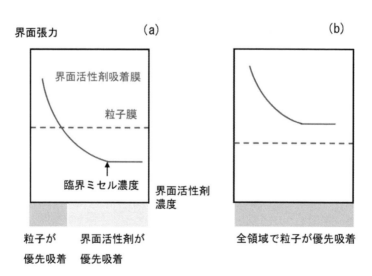

図1　界面活性剤の濃度変化による油水界面張力の変化から予想されるピッカリングエマルションの形成条件
　　　（a）粒子膜と界面活性剤吸着膜の界面張力の値が濃度変化の過程で入れ替わる場合，
　　　（b）粒子膜の界面張力が界面活性剤吸着膜よりも常に低い場合

第 5 章　界面活性剤吸着膜の相転移を応用したピッカリングエマルションの自発解乳化

る。ただし，この方法で解乳化を行う場合，界面活性剤濃度が低い条件で調整したピッカリングエマルションに，界面活性剤を逐次添加することになるので，乳化物性を外部変数で制御するという視点ではあまりスマートではないかもしれない。

この問題は，界面張力が温度で大きく変化するような界面活性剤を，粒子と共存させて乳化を行うことで原理的には解決することができる。しかし，いくつかの例外を除き，界面活性剤吸着膜の界面張力への温度の影響はそれほど大きくない。つまり，界面活性剤吸着膜と粒子膜の界面張力の大小関係は，界面活性剤と粒子の濃度を決めるとほぼ固定されてしまう。

そこで筆者らは，飽和炭化水素鎖を疎水基とする界面活性剤が，油相中から鎖長が近い直鎖アルカン，または，直鎖アルコールを取り込み，降温過程で液体状の吸着膜（混合膨張膜）から固体状の膜（混合凝縮膜）に相転移する現象（図 2）を利用した[4, 5]。混合膨張膜は界面活性剤の油水界面吸着膜で一般的に観察される状態であり界面張力はほぼ温度に依らないが，混合凝縮膜が形成されると界面張力が温度の低下とともに顕著に減少するようになる。本稿では，以下，陽イオン界面活性剤（塩化セチルトリメチルアンモニウム：CTAC）とテトラデカンの混合凝縮膜形成とピッカリングエマルションの物性との相関について解説を行うが，混合凝縮膜形成そのものはアニオン界面活性剤や非イオン界面活性剤でも報告例がある[6]。

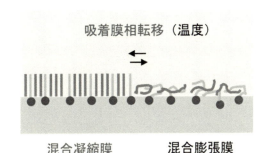

図 2　界面活性剤と直鎖アルカンの混合凝縮膜形成の模式図

3　粒子と界面活性剤の競争吸着とピッカリングエマルションの解乳化[3]

図 3 左に 1.0 mmol kg^{-1} の CTAC 水溶液とテトラデカンの界面張力の温度変化を示した（黒塗り）。混合膨張膜領域（高温側）では界面張力に温度依存性がなく混合膨張膜が形成されていることが分かるが，温度を下げると界面張力-温度曲線に吸着膜相転移を示す折れ曲がり点が 10℃ 付近に現れる。混合凝縮膜が形成されると温度の減少とともにほぼ直線的に界面張力が減少する。

CTAC 水溶液に重量分率 0.0033％ で直径 300 nm の球状シリカ粒子を分散させて，界面張力を測定したものが，図 3 の白抜きのプロットである。混合膨張膜領域では，シリカ粒子の添加

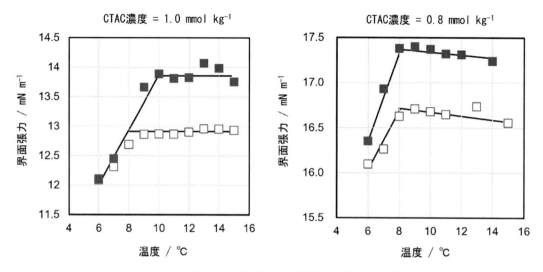

図3 CTAC水溶液とテトラデカンの界面張力の温度変化（黒塗り）
白抜きのプロットは水溶液にシリカ粒子を分散させて測定した場合を示す（文献3より一部改編）。

により界面張力が低下しており，この領域では油水界面にシリカ粒子が吸着することが示唆される。しかし，混合凝縮膜の界面張力はおよそ8℃でシリカ粒子膜の界面張力と同じ値になり，この温度より低温では粒子の有無に依らず2つの界面張力は測定誤差の範囲内でほぼ一致する。これは，この温度領域では，混合凝縮膜の界面張力（界面エネルギー）が粒子膜（または粒子と混合膨張膜が共存する状態）よりも低いため，シリカ粒子が油水界面から排斥されることに対応している。

一方，粒子濃度を一定にして界面活性剤濃度を下げると，吸着膜相転移は8℃付近に観測されるものの，低温領域で界面張力が一致しなくなる（図3右）。このような条件では，油水界面に吸着した粒子を置換するために必要な界面活性剤の量が十分でないため，粒子と混合凝縮膜が共存した状態で界面エネルギーが最も小さくなるものと思われる。同様の結果は，界面活性剤濃度を一定にして粒子濃度を増加させていく過程でも観察されている。

図4に示した写真は，15℃で超音波処理により調製したピッカリングエマルション（左）を6℃（右）まで連続的に降温した場合に観察された自発解乳化の様子である。図3において低温領域で界面張力が一致する実験条件では，界面張力が一致する温度とほぼ同じ温度で自発解乳化が観察される。しかし，低温領域でも界面張力が一致しない濃度条件では，解乳化も観察されなくなる。

現時点では限られた界面活性剤濃度と粒子濃度での観察結果しか得られていないが，降温過程で界面張力の一致とピッカリングエマルションの解乳化が見られた場合を黒塗り，界面張力が一致せず，解乳化が観察できなかった条件を白抜きで示した状態図を図4右に示した。この図から，吸着膜相転移と連動してピッカリングエマルションの解乳化を誘起するためには，界面活性

第5章　界面活性剤吸着膜の相転移を応用したピッカリングエマルションの自発解乳化

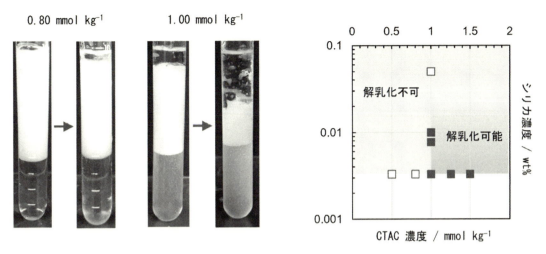

図4　15℃で調製したピッカリングエマルション（写真左）を6℃（写真右）まで降温した場合の解乳化の様子

解乳化の状態図（右図）では，解乳化が起こった濃度条件を黒塗り，解乳化が起こらなかった濃度条件を白抜きで示した。

剤濃度と粒子濃度の相対的な割合を適切に設定することが重要であることが示唆される。ここで示した場合よりも界面活性剤濃度が高くすると，相対的に量の多い界面活性剤が乳化剤として主に働きピッカリングエマルションそのものができなくなる領域も存在することが予想されるので，吸着膜相転移とピッカリングエマルションの物性の相関を正確に理解するために，現在，さらに界面活性剤と粒子の濃度範囲を広げた実験を検討している。

4　界面張力が解乳化に関わるほかの事例

本稿の最後に，界面張力の温度変化がピッカリングエマルションの解乳化を誘起できるほかの事例として，臨界溶解点近傍での微粒子の溶媒による濡れ転移の研究を簡単に紹介したい。

極性油と水のように相溶性のある溶媒を用いてピッカリングエマルションを調整した場合，上部，あるいは，下部臨界溶解点に向かって温度を変化させていく過程で，粒子がいずれかの溶媒中に脱着して自発解乳化が起こる[7, 8]。これはカーン転移[9]と呼ばれる一種の濡れ転移で，臨界溶解点の近傍では急激に液液界面張力が減少することに由来する。液液界面の界面張力が十分小さい条件では，粒子が吸着して液液界面を置き換えてもエネルギー的な利得を得ることができず，むしろ，AまたはBのいずれかの溶媒に濡れた（分散した）方が粒子自身の界面エネルギーが小さくなるため，臨界溶解温度の手前では理論上，必ず解乳化が起こることになる。

この様子を模式的に示したものが図5である。このような解乳化挙動は実験的には，上部臨界溶解温度に関するものとして水-ルチジン混合系で[7]，下部臨界溶解温度に関するものはメタ

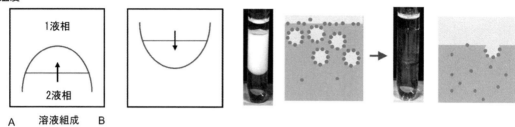

図 5 臨界溶解点に接近する過程で起こるピッカリングエマルションの解乳化
赤線部分で濡れ転移に連動した解乳化が観察される。

ノール-シクロヘキサン混合系で実際に観察されており，臨界指数を用いた液液界面張力の温度変化と解乳化温度の関係も説明されている。また，本稿の主題である吸着膜相転移を応用した解乳化の実験では，粒子サイズが解乳化温度に与える影響については議論できなかったが，濡れ転移に伴う解乳化では，粒子に働く重力（浮力）の影響により大きなサイズの粒子の方が早く（臨界溶解温度からより遠い温度で）解乳化することも報告されている。吸着膜相転移を応用した解乳化においても同じように粒子サイズ効果が現れる可能性があることは，ここで注意しておきたい。

5 おわりに

本稿では，界面活性剤が溶媒を取り込んで混合凝縮膜を形成すると油水界面張力が減少することを応用して，降温過程で粒子膜より低い界面張力を実現してピッカリングエマルションの解乳化を誘起できることを示した。CTACとテトラデカンの混合凝縮膜の場合，相転移温度は10℃付近であるが，CTACとセタノール（炭化水素鎖16の直鎖アルコール）がドデカン-水界面で混合凝縮膜を形成する場合は，室温付近での相転移も可能である[5]。これに加え，アニオン界面活性剤や非イオン界面活性剤による混合凝縮膜形成と解乳化挙動との関係についても今後明らかにしていきたいと考えている。

界面活性剤濃度のシリカ粒子のゼータ電位への影響や，位相変調エリプソメトリーを用いた油水界面からのシリカ粒子の脱着挙動の確認，解乳化挙動の経時観察（動画）等のデータはここでは示さなかった。興味のある読者は原著論文[3]を参照されたい。

謝辞

この研究は，科研費基盤C（22K03551），コーセーコスメトロジー研究財団（CO-020），ホソカワ粉体工学振興財団（HPTF221166），池谷科学技術振興財団（0351182-A）のの支援により実施された。

第 5 章　界面活性剤吸着膜の相転移を応用したピッカリングエマルションの自発解乳化

文　　　献

1)　J. Tang *et al.*, *Soft Matter*, **11**, 3512（2015）
2)　L. Zhang *et al.*, *J. Colloid Interface Sci.*, **616**, 129（2022）
3)　K. Shishida & H. Matsubara, *J. Oleo Sci.*, **72**(12), 1083-1089（2023）
4)　Y. Tokiwa *et al.*, *Langmuir*, **34**, 6205（2018）
5)　H. Sakamoto *et al.*, *Langmuir*, **36**, 14811（2020）
6)　D. Cholakova *et al.*, *Adv. Colloid Interface Sci.*, **235**, 90（2016）
7)　H. Matsubara *et al.*, *Langmuir*, **36**, 12601（2020）
8)　磯野晃太朗，松原弘樹，材料表面，**7**(2), 52（2022）
9)　J. W. Cahn, *J. Chem. Phys.*, **66**, 3667（1977）

第2編

ピッカリングエマルション用材料の
開発と調製

第6章　使用感と乳化安定性を両立させた
ピッカリング乳化剤の開発

濵野浩佑[*]

　界面活性剤ではなく固体粒子によって安定化したエマルションはピッカリングエマルションと呼ばれており，化粧品分野においては古くから活用されている一方で，この固体粒子（ピッカリング乳化剤）はきしみなど製剤の使用感に大きく影響する。そこで今回は使用感改善を目的として開発を行ったピッカリング乳化剤について紹介する。

1　はじめに

　固体粒子を用いて水と油を乳化させたピッカリングエマルションは界面活性剤を含まないことから，化粧品分野において皮膚への刺激性や製剤のべたつきの低減，化粧効果の持続性向上などを目的として活用されている。一方で，ピッカリング乳化剤として従来はナノ粒子が主に用いられており，きしみやとまりといった粉体に由来する使用感が製剤の使用感においても大きく影響し，ピッカリングエマルション特有のべたつきのなさやみずみずしさといった使用感を活かしにくい課題があった。

　そこで我々はピッカリングエマルションの使用感改善を目的として，顔料級サイズの固体粒子を活用した水中油型（O/W）のピッカリング乳化剤の開発を行った。今回用いた固体粒子はサブミクロンサイズの真球状かつ無孔質のシリカであり，従来のナノ粒子と比較して固体粒子自体のすべり性のよさから，製剤の使用感が良くなることが期待される。しかしながら，ピッカリング乳化剤の乳化性や乳化安定性には固体粒子が小さく，高アスペクト比であることが好適に作用することが知られており[1~3]，粒子径も大きくかつ真球状の固体粒子は乳化に不利であると考えられた。そこで我々は，シリカの表面処理からピッカリング乳化の手法の最適化まで検討を行い，高い乳化性と乳化安定性を有するピッカリング乳化剤とその乳化調製法を見出した。そこで本稿ではシリカの表面処理および乳化検討結果について紹介する。

---

*　Kosuke HAMANO　三洋化成工業㈱　界面活性剤事業本部
　　　　　　　　　　Beauty & Personal Care 部　企画開発グループ　ユニットチーフ

2　シリル化シリカの合成および評価

真球状親水性シリカ（図1）をトリメチルシリル化して疎水性の真球状シリル化シリカを得た。得られたシリル化シリカの疎水化度の指標としてメタノールウェッタビリティ値（M値）で評価した。具体的には，イオン交換水50 mLと撹拌子を入れたビーカーにシリル化シリカ0.2 gを入れ，撹拌下でビュレットを用いたメタノールを滴下し，シリル化シリカの全量の湿潤に要するメタノール量からM値を算出した。シリル化剤の処理量および反応条件を制御することで，M値がそれぞれ5，15，30，50であるシリル化シリカを得た。なお，以降の検討ではM値が0のシリカとして未処理の親水性シリカを用いた。

図1　真球状親水性シリカのSEM画像

3　シリル化シリカの乳化性評価およびO/Wエマルションの経時安定性評価

合成したシリル化シリカについて表1の処方にてO/Wエマルションを調製した。処方①はAgent in Oil法であり，シリル化シリカをミネラルオイルに加え，ホモミキサー（ラボ・リュージョン，プライミクス製）にて8,000 rpmで撹拌しながら水，ヒドロキシエチルセルロース（以下，HEC）1%水溶液を徐添，撹拌したものを脱泡，静置してO/Wエマルションを得た。処方②はAgent in Water法であり，成分を配合する順番を変え，シリル化シリカに水を加え，ホモミキサーにて8,000 rpmで撹拌しながらミネラルオイル，水，HEC 1%水溶液の順番で徐添，撹拌することでO/Wエマルションを得た。これらの乳化製剤の外観から，M値が5，15，30のシリル化シリカを用いた場合はオイルを全量乳化できていた一方，M値が0の親水性シリカと50のシリル化シリカはどちらの処方においてもオイルの分離が見られた。この結果から，O/Wエマルションを得られるシリル化シリカのM値は5～30であることが分かった。しかしなが

第6章 使用感と乳化安定性を両立させたピッカリング乳化剤の開発

表1 ピッカリング乳化剤を用いた乳化処方①, ②

成分	処方① Agent in Oil法	処方② Agent in Water法
水	—	20.0
シリル化シリカ	3.0	3.0
ミネラルオイル	20.0	20.0
水	27.0	7.0
HEC 1%水溶液	50.0	50.0
合計	100.0	100.0

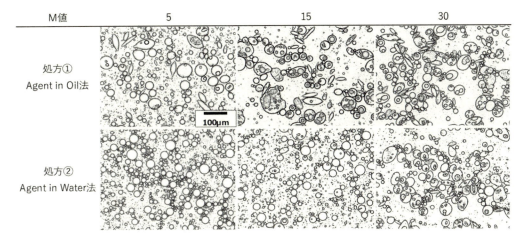

図2 処方①, ②のO/Wエマルションの顕微鏡観察画像

ら, 図2にO/Wエマルションの顕微鏡観察画像を示す通り, これらの製剤中にはシリル化シリカの凝集物が見られた。乳化性を示したM値5～30のシリル化シリカは粒子表面に親水性のシラノール基と疎水性のトリメチルシリル基の両方を有している。そのため, ホモミキサーで8,000 rpmという強力な撹拌下においても, 水または油のいずれにもシリル化シリカは分散しておらず, そのまま乳化を行ったことが製剤中のシリカ凝集物の発生原因であると考えられる。

シリル化シリカの凝集物は乳化効率の低下や製剤使用感への悪影響が懸念されるため, シリル化シリカを油水界面にのみ配向させることが重要である。そのためには, 分散工程においてシリル化シリカを水または油に均一分散させ, 乳化工程において水または油に均一分散させたシリル化シリカを油水界面に効率的に配向させるといった, 工程ごとにシリル化シリカの水または油への親和性を動的に制御することが必要であると我々は考えた。そこで我々は水溶液中のシリカがpHの上昇とともにシラノール基からH$^+$が解離してゼータ電位が負に増大すること[4], またM値測定の原理から水に低級アルコールを加えて水溶液の疎水性を上げることでシリル化シリカが水溶液中に分散することに着目し, 塩基性物質と低級アルコールを用いることでシリル化シリカ

47

を用いた効率的なピッカリング乳化が可能であると考えた。具体的な手順を図3に示す。まず，水相として塩基性物質および低級アルコールの水溶液を用いることでシリル化シリカの水相への親和性を向上させ，シリル化シリカを均一分散させる。ここに撹拌下で油相を添加した後に水希釈およびpH調整を行う。このとき，水相中の低級アルコール濃度およびpHの低下に伴い，シリル化シリカの水相への親和性が低下し，結果として水相に均一分散できなくなったシリル化シリカが疎水的な環境である油水界面に配向することでピッカリングエマルションを形成すると考えた。

この考えに基づき検討を重ねた結果，表2に示すO/Wエマルションのピッカリング乳化処方を見出した。本検討では化粧品分野で一般的に使われる塩基性物質と低級アルコールとして水酸化Kとイソペンチルジオール，乳化を安定させる増粘剤としてHECを選定した。水酸化Kとイソペンチルジオールを加えた水相にシリル化シリカを加え，ホモミキサーにて8,000rpmもしくは4,000rpmで撹拌しながらオイル，水，HEC1%水溶液，クエン酸10%水溶液の順番で徐添，撹拌したものを脱泡，静置してO/Wエマルションを得た。得られたエマルションの顕微

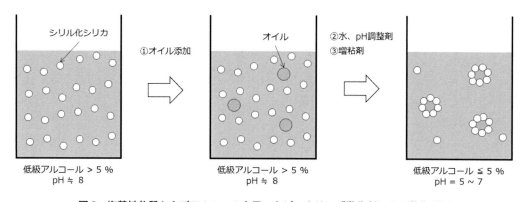

図3 塩基性物質およびアルコールを用いたピッカリング乳化剤による乳化手順

表2 ピッカリング乳化剤を用いた乳化処方③

	成分	処方③
	水	15.0
シリカ	イソペンチルジオール	5.0
分散相	水酸化K 10%水溶液	0.05
	シリル化シリカ	3.0
油相	ミネラルオイル	20.0
	水	6.9
水相	HEC 1%水溶液	50.0
	クエン酸 10%水溶液	0.05
	合計	100.0

第6章　使用感と乳化安定性を両立させたピッカリング乳化剤の開発

鏡観察画像を図4に示す。シリル化シリカの分散性を動的に制御した処方③では，シリル化シリカの凝集物のない，球状のO/Wエマルションを形成していることを確認した。また，ホモミキサーの撹拌回転数が低いときにエマルション粒径が大きくなった結果から，処方③の乳化原理として，界面活性剤による界面張力を低下させる原理とは異なり，シリル化シリカは水中に分散した油滴表面に配向することでピッカリングエマルションを形成していると考えられ，これはエマルション粒径が機械力によって制御できることを示唆している。さらにシリル化シリカの凝集状態を観察するため，処方①〜③の油相にナイルレッド/エタノール溶液を加えて乳化したエマルションの観察画像を図5に示す。ナイルレッドはシリル化シリカに吸着することを事前に確認しており，図5における蛍光像で強い蛍光が観察される箇所はシリル化シリカが凝集してい

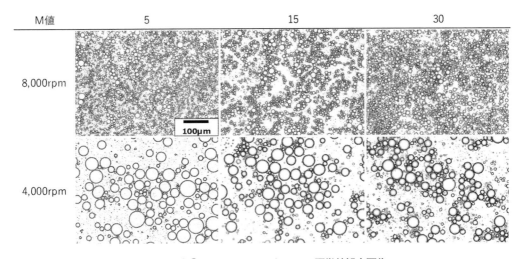

図4　処方③のO/Wエマルションの顕微鏡観察画像

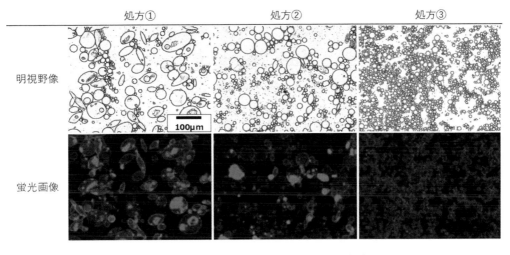

図5　処方①〜③のO/Wエマルションの顕微鏡観察画像

ることを示している。その結果，処方①では内相に，処方②では外相にそれぞれ強い蛍光が見られており，これはシリル化シリカを分散させた相において凝集が発生したことを示唆している。一方，処方③ではエマルション粒径も小さく，ほぼ均一な蛍光像が得られたことから，処方③におけるシリル化シリカの動的な分散性の制御が効率的なピッカリング乳化の形成に有効であることを見出した。

次に，処方①〜③の経時安定性について表3に示す。乳化性を示したM値5，15，30のシリル化シリカのO/Wエマルションは，経時によってクリーミングは生じる一方で手撹拌することでエマルションは容易に再分散した。また，目視および顕微鏡観察の結果から，25℃/1ヶ月の条件では全処方においてエマルションの合一や油の分離は見られず安定であった。さらに，50℃/1ヶ月の条件にて行った加速試験では，ホモミキサーの撹拌回転数に依らずM値15と30のシリル化シリカを用いた処方ではエマルションの合一や油の分離が見られず，高い安定性を有していることを見出した。今回調製したO/Wエマルションは処方①〜③のいずれにおいても粒径が大きくかつ広い粒度分布を有している。一般的にエマルションの粒径は乳化物の安定性に大きく影響することが知られており，処方③のホモミキサーの撹拌回転数が4,000 rpmで調製したエマルションのような場合はクリーミングなどの不均一化やそれに続くエマルションの合一によって油相の分離が生じやすい。その一方で，ピッカリングエマルションでは固体粒子が油水界面に存在することから，エマルションが高度に安定化されることが知られており[5]，今回のシリル化シリカを用いたO/Wエマルションについても従来のピッカリング乳化剤と同様に非常に高い安定性を有していると考えらえる。

表3　乳化処方①〜③で得たO/Wエマルションの経時安定性

	M値	5	15	30
処方①	25℃/1ヶ月	変化なし	変化なし	変化なし
	50℃/1ヶ月	表面に油あり	表面に油あり	変化なし
処方②	25℃/1ヶ月	変化なし	変化なし	変化なし
	50℃/1ヶ月	表面に油あり	表面に油あり	変化なし
処方③ 4000rpm	25℃/1ヶ月	変化なし	変化なし	変化なし
	50℃/1ヶ月	表面に油あり	変化なし	変化なし
処方③ 8000rpm	25℃/1ヶ月	変化なし	変化なし	変化なし
	50℃/1ヶ月	変化なし	変化なし	変化なし

第 6 章　使用感と乳化安定性を両立させたピッカリング乳化剤の開発

4　シリル化シリカを用いた乳化製剤の官能評価

ピッカリングエマルションは界面活性剤を使用しないため，界面活性剤に由来するべたつきのない製剤を調製できる。そこで，前項の処方③で調製した M 値 30 のシリル化シリカを用いたピッカリングエマルションと図 6 に示す非イオン界面活性剤を用いた通常乳化の処方④で官能評価を実施した。なお，官能評価では試験同意が得られた研究者 5 名で製剤を肌に塗布した際のべたつき，きしみ，伸び，肌なじみ，みずみずしさについて非イオン界面活性剤を用いた処方④を基準（3 点）としてシリル化シリカを用いた処方③について 1～5 点で評価した。その結果を図 7 に示す。処方③では処方④と比較してべたつきのなさとみずみずしさが特に優れていた。それぞれの理由として，べたつきのなさは界面活性剤を含まないこと，みずみずしさはエマルション粒径が大きいこと[6]に起因している。さらに，きしみについては処方③は処方④と同等という結果となっており，従来のナノ粒子のピッカリング乳化剤の課題をサブミクロンサイズの真球状かつ無孔質のシリカを用いることで解決できることを見出した。

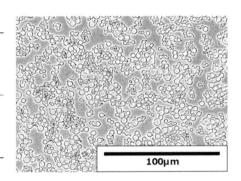

図 6　非イオン界面活性剤を用いた乳化処方④と O/W エマルションの顕微鏡観察画像

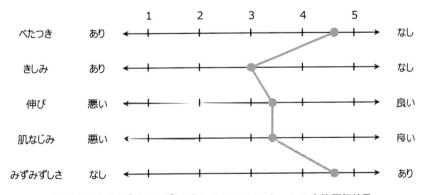

図 7　乳化処方③および④で得た O/W エマルションの官能評価結果

5 おわりに

　我々はサブミクロンサイズの真球状かつ無孔質のシリル化シリカを用いたピッカリング乳化剤を開発し，さらに効率的に O/W のピッカリングエマルションを調製する方法を見出した。本稿では油相としてミネラルオイルを活用した処方を紹介したが，本処方を用いることでエステルオイルやシリコーンオイル，紫外線吸収剤といった極性油，乳化前に事前加熱を行うことで固形油やワックスといった固形油脂といった様々な種類の油の安定的な乳化が可能である。また，ここでは紹介しなかったが，紫外線散乱剤のような粉体についても内相，外相にそれぞれ添加することができる。今回紹介したピッカリング乳化剤はほかの界面活性剤やピッカリング乳化剤を併用することなく，完全な界面活性剤フリーによる O/W エマルションの調製が可能であり，界面活性剤特有のべたつきなどを抑えてみずみずしい使用感を表現できる。また製剤を塗布した後の汗などによる皮膚上での再乳化は原理上起こりえないため，耐水性といった機能の発現も期待される。そのため，化粧水や乳液，クリームのほか，日焼け止めやメイクといった様々な剤型の O/W エマルションの乳化剤として応用が可能であると考えている。

文　　　献

1)　H. Matsubara, et. al., *Langmuir*, **36**, 12601-12606（2020）
2)　K. Isono, H. Matsubara, *Acc. Mater. Surf. Res.*, **7**(**2**), 52-57（2022）
3)　H. Minami, et. al., *J. Jpn. Soc. Colour Mater.*, **92**(**10**), 299-303（2019）
4)　K. Horinouchi, et. al., *NIHON REORJI GAKKAISHI*, **24**(**1**), 21-27（1996）
5)　W. Ramsden, *Proc. R. Soc. London*, **72**, 156-164（1903）
6)　T. Okamoto, et. al., *J. Soc. Cosmet. Chem. Jpn.*, **39**(**4**), 290-297（2005）

第7章 ピッカリング乳化機能を有する酸化亜鉛を用いたサンケア素材の開発

三刀俊祐[*]

日焼け止めの紫外線防御効果を高める手段の一つとして，肌に塗布した際の化粧品膜の均一性を高めることが挙げられる[1]。我々は，界面活性剤を使用した一般的な油中水（W/O）型日焼け止め化粧品の塗布膜では，内水相が紫外線防御剤を含まない「空隙」として存在するために，塗布膜中での紫外線防御剤の均一性が損なわれ紫外線防御効果が低下すると考えた。この空隙を塞ぐため，紫外線防御剤である酸化亜鉛に乳化剤としての機能を付与した結果，W/O型日焼け止め化粧品において，従来の酸化亜鉛よりも塗布膜中に均一に存在し，高い紫外線防御効果を発揮する新規表面処理酸化亜鉛の開発に成功した。

1 はじめに

紫外線による肌への悪影響は今や誰もが知っている事実であり，紫外線防御の必要性は一般消費者にも広く認知されている。化粧品において紫外線 UV-B, UV-A の防御効果を高めるための一般的な手法は，有機化合物である紫外線吸収剤と無機金属酸化物である紫外線散乱剤の併用である[2]。

一方で，2019 年 2 月に，FDA が紫外線防御剤に関する新たな規則案を発行し[3]，吸収剤の一部が安全ではなく，紫外線散乱剤である酸化チタンと酸化亜鉛が，紫外線防御効果と安全性に優れた材料であることが示された。今後紫外線吸収剤を使用しないノンケミカル化粧品の需要がますます高まると予想される。

しかし，紫外線散乱剤だけで紫外線防御効果を高めるためには，多くの紫外線散乱剤を配合する必要があり，この場合，塗布した際の白さや粉末独特のきしむ感触が出る[4]ことによって，化粧価値を減じるという大きな課題がある。

一方で，近年，肌上での製剤塗布膜の状態により紫外線防御効果が大きく異なることが見出されている[1]。たとえば，W/O 型製剤においては，紫外線吸収剤や散乱剤は，ほとんどの場合外油相に内包される。そのため，肌上の化粧塗布膜における内水相部分は，図 1 に示すように紫外線防御剤が存在しない「穴」となる。この「穴」を紫外線が透過するため，十分な紫外線防御効果が得られない。このように，製剤中の紫外線防御剤の分散状態が，製剤の機能を決める上で

---

[*] Shunsuke MITO　テイカ㈱　岡山研究所　第四課　係長

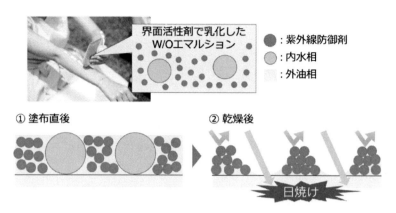

図1　一般的な W/O 型日焼け止め化粧品の問題点

の重要な技術要素であることが明らかになってきた。

これらの技術的背景を基に，我々は，外油相だけでなく水相を形作る水滴表面にも存在できる紫外線散乱剤の開発を試みた。その結果，微粒子酸化亜鉛の表面に特殊処理を施すことで，「ピッカリング乳化」が可能になる紫外線防御粉体を創出し，また，これを配合することによって紫外線散乱剤が高分散した製剤の開発を行った。

ピッカリング乳化とは，活性剤によらず，油水界面に吸着した固体粒子によって安定化させる乳化技術である[5〜7]。これまでは，セルロース[8]，シリカ[9]などの研究が多く，紫外線散乱剤に対する研究はほとんど行われていない。

本報告では，紫外線散乱剤として酸化亜鉛を選択し，表面処理によりピッカリング乳化を可能にし，高い乳化安定性を示す自己乳化型酸化亜鉛（以下 P-ZnO）を調整した研究結果を示す。また，従来，紫外線吸収剤や酸化チタンと酸化亜鉛との併用が常識と考えられていた紫外線防御化粧品の紫外線防御効果が，酸化亜鉛のみの配合で SPF50，PA＋＋＋＋を達成できることを初めて見出し，化粧品製剤でも確認できたため報告する。

2　自己乳化型酸化亜鉛の開発に向けて

2.1　表面処理サンプルの作製

酸化亜鉛として，UV-B から UV-A までの幅広い波長領域を防御し，可視光領域での透明性に優れる，平均一次粒子径 25 nm の微粒子酸化亜鉛を選定した。親油化処理剤は，化粧品で使用されるあらゆる油剤へ高分散させる目的で，シリコーンオイルとエステルオイルへの分散性に優れるハイドロゲンジメチコン（Hydrogen Dimethicone，以下 HD）と，炭化水素オイルへの分散性に優れるイソステアリン酸（Isostearic Acid，以下 IA）を併用した。また，乳化機能が発現する適切な親油性-親水性バランスに調整する目的で，親水化処理剤として含水シリカ（Hydrated Silica，以下 HS）を選定した。

第7章　ピッカリング乳化機能を有する酸化亜鉛を用いたサンケア素材の開発

　表面処理は，微粒子酸化亜鉛とHD，IAならびにHSを，イソプロピルアルコール（以下IPA）と均一に混合し，サンドグラインダーミルを用いて解砕処理を行った後，減圧蒸留によりイソプロピルアルコールを留去した。得られた処理品を乾燥機に入れ，105℃で2時間乾燥し，ジェットミルで粉砕し，W/Oのピッカリング乳化剤としての機能を有するP-ZnO（構成成分：ZnO 93.5%，ハイドロゲンジメチコン2.4%，イソステアリン酸1.3%，含水シリカ2.8%）を作製した。

2．2　評価基剤の作製

　P-ZnO 25 gを油剤75 gと混合し，分散機で5,000 rpm 5分間分散して油相分散体を得た。または，P-ZnO 25 gを油剤50 gを混合し，分散機で5,000 rpm 5分間分散して油相分散体を得た後に，水25 gを加えてホモミキサーで5,000 rpm 5分間乳化することでW/Oエマルションを作製した。油剤には，ジメチコン（1.5 cs）を使用した。

　また，比較品として，P-ZnOと同等の油相への分散性であるが乳化機能をもたない表面処理酸化亜鉛（構成成分：ZnO 95%，ハイドロゲンジメチコン5%，以下H-ZnO）を選択した。P-ZnOと同様に油相分散体とW/Oエマルションを作製し，紫外線防御効果と塗膜状態を比較評価した。H-ZnOは乳化機能をもたないため，エマルションを作製する場合は油剤の一部をPEG-9ポリジメチルシロキシエチルジメチコンに置換することで乳化した。

2．3　紫外線防御効果

　*in vitro*の紫外線防御効果は，SPFアナライザー（UV2000S，Labsphere社製）を用いて評価した。得られた油相分散体またはW/Oエマルションを，ISO24443に基づいてPMMA板（HELIOPLATE HD6，HelioScreen社製）に1.3 mg/cm^{2}塗布し，25℃の暗所で30分間乾燥させた。その後，波長290〜450 nmに対する吸光度曲線を測定し，SPF，UVAPF，Critical wavelength（以下CW）を得た。solar irradianceには，Albuquerqueを使用した。*in vivo*の紫外線防御効果は，ISO24444，ISO24442に記載された方法で測定した。作製した油相分散体またはW/Oエマルションは，2.0 mg/cm^{2}の塗布量で肌へ塗布された。塗布後，15〜30分静置し，テスト部にUV照射を5回連続して行った。

2．4　化粧品膜の評価

　油相分散体またはW/Oエマルションを上記と同様の方法で基板上に塗布し，25℃の暗所で乾燥することで，サンプル塗布膜を得た。得られた塗布膜の表面および断面構造を，走査型電子顕微鏡（S-4800，日立ハイテクノロジーズ社製）で観察した。表面観察は，得られた塗布膜を加工せずそのまま観察したが，断面観察は，塗布膜を熱硬化樹脂に包埋し，80℃の恒温槽で12 h保管し硬化させ，続いて，ミクロトームで塗布膜に対して垂直に切削し，露出した断面を観察した。

3 結果

3.1 P-ZnO の乳化機能

P-ZnO の乳化機能を評価した。シリコーンオイルに P-ZnO を分散し，続いて水を添加し撹拌することで W/O エマルションを作製した。P-ZnO で乳化した W/O エマルションの光学顕微鏡写真を図 2 に示す。乳化粒子の界面が黒く写っており，酸化亜鉛が乳化粒子界面に配向していると考えられる。

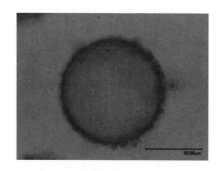

図 2　P-ZnO で乳化した W/O エマルションの光学顕微鏡写真

3.2 P-ZnO の塗布膜の分析：紫外線防御効果

P-ZnO と H-ZnO の紫外線防御効果を評価した。評価基剤は，油相分散体と W/O エマルションの 2 種類とし，それぞれ表 1 に示す組成で作製した。H-ZnO を配合して W/O エマルションを作製する場合は，PEG-9 ポリジメチルシロキシエチルジメチコンを 1.0%使用した。

作製した油相分散体と W/O エマルションの吸光度曲線を図 3 に示す。油相分散体では，P-ZnO と H-ZnO の吸光度曲線はほぼ一致しており，また表 2 に示す SPF *in vitro*，UVAPF においても差は確認されなかった。一方，W/O エマルションでは紫外線領域の吸光度に大きな

表 1　評価基剤の組成

原料	油相分散体 P-ZnO	油相分散体 H-ZnO	W/O エマルション P-ZnO	W/O エマルション H-ZnO
P-ZnO	25.0%*		25.0%*	
H-ZnO		24.6%*		24.6%*
ジメチコン（1.5 cs）	75.0%	75.4%	50.0%	49.4%
PEG-9 ポリジメチルシロキシエチルジメチコン				1.0%
水			25.0%	25.0%

*）ZnO の有効分はいずれも 23.4%

第7章　ピッカリング乳化機能を有する酸化亜鉛を用いたサンケア素材の開発

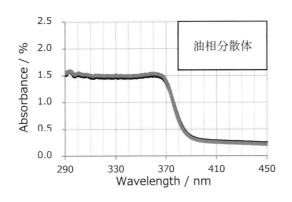

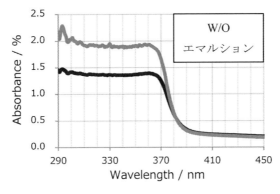

図3　P-ZnO（―）とH-ZnO（―）の吸光度曲線（上：油相分散体，下：W/Oエマルション）

表2　油相分散体とW/OエマルションのSPFとUVAPF

サンプル		*in vitro*		
		SPF	UVAPF	CW
油相分散体	P-ZnO	28	15	373
	H-ZnO	27	15	374
W/O	P-ZnO	61	19	371
エマルション	H-ZnO	22	13	374

差が見られ，SPF *in vitro* はH-ZnOが22だったのに対してP-ZnOは61と，2倍以上の差があることが確認された。P-ZnOは乳化機能をもつために，水を添加することで即座に水に配向し，油相に存在するよりも高分散状態に変化したと考えられ，それに起因して紫外線防御効果が大きく上昇したと予想される。

4 考察

4.1 P-ZnOの塗布膜の分析：電子顕微鏡観察

P-ZnOとH-ZnOの紫外線防御効果の差は，塗布膜の状態に由来すると予想された。P-ZnOおよびH-ZnOを配合した油相分散体の塗膜表面をSEMで観察した結果を図4に示す。油相分散体では，(a)P-ZnO，(b)H-ZnOの外観に差はほとんど確認されなかった。一方W/Oエマルションの塗膜では，(c)P-ZnOは油相分散体と同様に全体的に均一であるのに対して，(d)H-ZnOは水相が存在したと見られる部分が空隙となっていた。

図5に，観察したSEM写真での亜鉛の分散状態をEDXで分析した結果を示す。亜鉛が存在する箇所をグレーで示した。油相分散体では，(a)P-ZnO，(b)H-ZnOともに亜鉛が塗膜全体に存在した。W/Oエマルションでは，(c)P-ZnOでは塗膜全体に均一に亜鉛が存在する一方で，(d)H-ZnOを配合し界面活性剤で乳化したW/Oエマルションは，SEM観察で観察された空隙部分に亜鉛が存在せず，不均一であることが確認された。

図6に，評価基剤の塗膜断面を電子顕微鏡で観察した結果を示す。P-ZnOのW/Oエマルションの塗布膜は全体的におよそ10 μmの均一な厚さであるのに対して，H-ZnOのW/Oエマルションの塗布膜は，深さ5〜10 μmのクレーターを形成しており，これは表面観察時に確認された空隙に由来すると推察される。

結論として，P-ZnOのW/Oエマルションの塗布膜は，表面観察から，膜全体に亜鉛が均一に存在しており，さらに断面観察から均一な膜厚であることが確認された。一方，H-ZnOの塗

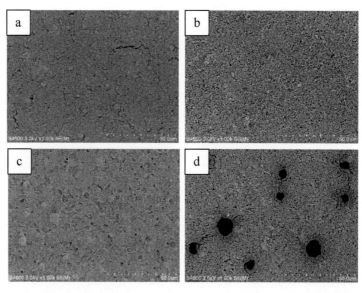

図4 (a)P-ZnO，(b)H-ZnOを配合した油相分散体，または(c)P-ZnO，(d)H-ZnOを配合したW/OエマルションのSEM像

第7章　ピッカリング乳化機能を有する酸化亜鉛を用いたサンケア素材の開発

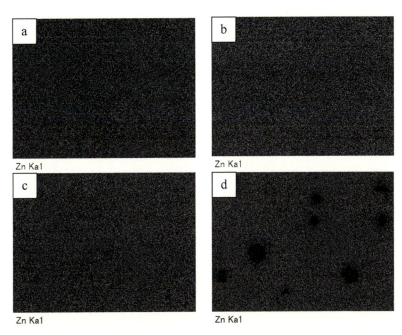

図5　(a) P-ZnO，(b) H-ZnO を配合した油相分散体，または (c) P-ZnO，(d) H-ZnO を配合した W/O エマルションの EDX 画像

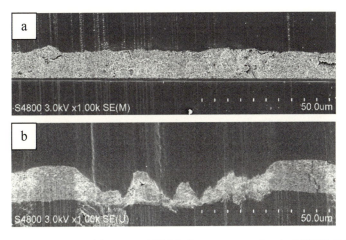

図6　(a) P-ZnO または (b) H-ZnO を配合した W/O エマルションの断面の SEM 像

布膜は内水相と見られる部分が空隙となり，不均一であることが確認された。P-ZnO の W/O エマルションは，図7(a)に示すような均一な塗布膜を形成しており，塗膜全体で紫外線を防御することによって，高い紫外線防御効果が得られたと考えられる。一方，H-ZnO の W/O エマルションは図7(b)に示すような塗布膜を形成しており，内水相に由来する空隙部分を紫外線が透過するため高い紫外線防御効果が得られなかったと考えられる。この塗膜状態の差が，

59

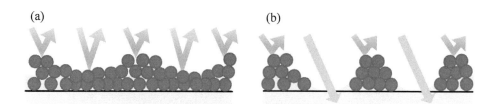

図7 塗膜断面のイメージ図 (a) P-ZnO, (b) H-ZnO

P-ZnO を配合した W/O エマルションが，H-ZnO を配合した W/O エマルションと比較して，約 2 倍高い SPF を示す結果につながったと考えられる。

4.2 P-ZnO の W/O 製剤の分析：紫外線防御効果

P-ZnO または H-ZnO を配合して実際の日焼け止め製剤を作製し，紫外線防御効果と使用性を評価した。処方は，P-ZnO または H-ZnO を 25％配合し，表3に示す成分で構成した。

作製した日焼け止め製剤の吸光度曲線を図8に示す。P-ZnO を配合した製剤では紫外線領域の吸光度が H-ZnO と比較して大きく向上した。また，得られた SPF，UVAPF を表4に示す。P-ZnO を 25％配合することで，*in vitro* で SPF57, UVAPF18 を達成することが確認され，H-ZnO の製剤と比較して非常に高い紫外線防御効果を示した。さらに，*in vivo* の試験においても P-ZnO の製剤は SPF50, UVAPF18 を達成しており，酸化亜鉛単独で高い紫外線防御効果をもつ日焼け止め製品を作製できることが確認された。

表3 本検討で使用した W/O 型日焼け止め処方の組成（％）

原料*	P-ZnO W/O 処方	H-ZnO W/O 処方
P-ZnO	25.0	
H-ZnO		25.0
PEG-9 ポリジメチルシロキシエチルジメチコン		1.5
ジメチコン	43.0	41.5
ポリメチルシルセスキオキサン	3.0	3.0
水添ポリイソブテン	2.0	2.0
ジフェニルシロキシフェニルトリメチコン	2.0	2.0
水	17.8	17.8
BG	4.0	4.0
エタノール	3.0	3.0
メチルパラベン	0.2	0.2

＊いずれの原料も化粧品グレードを使用

第7章　ピッカリング乳化機能を有する酸化亜鉛を用いたサンケア素材の開発

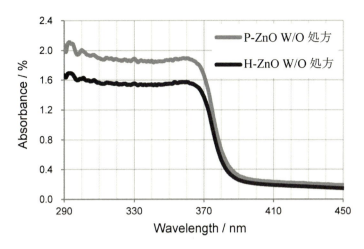

図8　P-ZnO（—）または H-ZnO（—）を配合した W/O 型日焼け止め処方の吸光度曲線

表4　W/O 型日焼け止め処方の SPF と UVAPF

サンプル	*in vitro* SPF	UVAPF	CW	*in vivo* SPF	UVAPF
P-ZnO W/O 処方	57	18	371	50	18
H-ZnO W/O 処方	30	13	371	31	9

5　おわりに

本研究では，平均一次粒子径 25 nm の酸化亜鉛に，親油性処理剤，親水性処理剤を適切な比率で処理することで，W/O の乳化機能を有する表面処理酸化亜鉛 P-ZnO を開発した。界面活性剤で乳化した従来の W/O エマルションでは，内水相部分が塗膜乾燥後に空隙となることを見出し，この部分を紫外線が透過することで，高い紫外線防御効果が得られないと予想した。P-ZnO で乳化した W/O エマルションの塗布膜では，内水相は空隙とならず，塗布膜全体に酸化亜鉛が高分散状態で存在し，塗布膜の均一性が高いことが確認された。これによって，有機紫外線吸収剤を使用せずとも，酸化亜鉛単独配合で従来にない高い SPF および UVAPF を得ることができた。

本研究で開発した表面処理酸化亜鉛 P-ZnO を用いることにより有機紫外線吸収剤や界面活性剤を使わなくても良好な使用感と卓越した紫外線防御能を有する，画期的なサンケア商品の数々の創出が期待できる。

文　　献

1) K. Fujikake *et al.*, *Skin Pharmacology and Physiology*, **27**, 254-262（2014）
2) M. Ishita, *J. Soc. Cosmet. Chem. Jpn.*, **48**(3), 169-176（2014）
3) Office of the Federal Register, *National Archives and Records Administration*, Federal Register, **84**(38), 2019, p.6053-6311
4) M. Nakanishi, *Surface Science*, **35**(1), 40-44（2014）
5) S. U. Pickering, *J. Chem. Soc.*, **91**, 2001（1907）
6) Yunqi Yang *et al.*, *Frontiers in Pharmacology.*, **8**, 287（2017）
7) Yves Chevalier *et al.*, *Colloids and Surfaces A*：Physicochemical and Engineering Aspects, **439**, 23-34（2013）
8) Xia Li *et al.*, *Carbohydrate Polymers*, **183**, 303-310（2018）
9) HanYan *et al.*, *Colloids and Surfaces A*：Physicochemical and Engineering Aspects, **482**, 639-646（2015）

第8章 O/W型ピッカリングエマルションおよび これを含む化粧料型ピッカリングエマルション

中谷明弘[*]

1 はじめに

微粒子を油水の界面に吸着させ，安定化するピッカリングエマルションは100年以上前に発見された技術である。従来の界面活性剤を用いた乳化方法とは異なるユニークな乳化特性，テクスチャー，安定性などを有しているにも関わらず，なぜ化粧品製剤への活用が進んでこなかったのか。

本項では基本の乳化メカニズムやその安定化のキモとなる要素，弊社の開発事例について紹介する[1]。

2 ピッカリングエマルションについて

ピッカリングエマルションは界面活性剤ではなく，微粒子を用いて乳化を安定化させる手法である。微粒子は固体の粒子が多く，天然鉱物から合成のビーズまで様々な種類の微粒子が使用される。従来の界面活性剤を用いた乳化とは異なる乳化特性，テクスチャー，安定性などを持つことから化粧品をはじめ，食品や医薬品業界にも注目されている技術である（図1）。

3 ピッカリングエマルション安定化のキモとなる要素

3. 1 油水界面への微粒子の吸着エネルギー（接触角）

ピッカリングエマルションの安定化には，油と水の界面に微粒子が留まり続けていることが重要である。界面に留まり続けるエネルギーの指標として，微粒子の油と水界面に対する吸着エネルギーが用いられる。これは油と水の液-液界面が微粒子とそれぞれの液体の固-液界面に入れ替わることにより生じるエネルギーの差分であり，図2中の式で表される[2]。

この式からもわかるように，界面で微粒子を安定化させるためには，微粒子を接触角90°に近い状態で吸着することが重要である。接触角は液体が固体表面と接触する際の液滴の表面張力を示す角度であり，一般的には水と油の種類を検討することや，微粒子表面を改質することでコン

---

* Akihiro NAKATANI ポーラ化成工業㈱ テクニカルディベロップメントセンター リーダー

	界面活性剤を用いたエマルション	ピッカリングエマルション
概念図		
界面安定化物質	界面活性剤	シリカ粒子
親水性-疎水性指標	HLB	濡れ性・接触角
吸着エネルギー	低	高
表面張力の低下	大	小
乳化粒子径	小	大
感触	しっとり	さらさら
耐水性	低	高

図1　界面活性剤を用いたエマルションとピッカリングエマルションとの違い

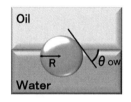

界面吸着エネルギー
$$\Delta G = -\gamma_{ow} \pi R^2 (1 - |\cos\theta_{ow}|)^2$$
γ_{ow}:水-油の表面張力　　R:粒子半径　　θ_{ow}:接触角

親水性の粉体だと　　　**親油性の粉体だと**　　　**両親媒性の粉体があれば**

$\theta_{ow}=90°$で吸着させることができれば、
界面吸着エネルギーを最大化できる

図2　水-油界面の吸着エネルギーに対する微粒子接触角の影響

トロールする。

　さらにこの接触角により，どちらが分散媒になるかが決まる。たとえば，接触角 θ_{ow} が90°よりも小さい比較的親水性の微粒子を用いた場合はO/W型のエマルションを形成する。

　その逆に，θ_{ow} が90°よりも大きい場合はW/O型のエマルションを形成しやすくなるという，

第8章　O/W型ピッカリングエマルションおよびこれを含む化粧料型ピッカリングエマルション

ピッカリングエマルションにおいては接触角のコントロールが非常に重要な要素となる。

以下の項では微粒子の水油に対する接触角をコントロールする手法について記載する。

3. 1. 1　微粒子の表面改質

微粒子表面の特性（親-疎水性）を変化させることで，接触角はコントロール可能である。中でも表面処理剤を用いた技術は，簡便に親-疎水性を調整できるため，工業的に多く活用されている[2]。

図3に，我々が表面処理剤を用いて親水性のシリカ粒子の親-疎水性をコントロールし，ピッカリングエマルションを作製した内容を示す。親水性であるシリカ粒子を用いて乳化すると，微粒子が水側に配置されてしまうため，粗大なエマルションができ，不安定な乳化状態となった。

一方で，表面処理剤で微粒子表面全体を覆ってしまうと，表面が大きく疎水性に傾き，微粒子が界面に吸着せず，油相に分散してしまったため乳化ができなかった。

そこで我々は親水性の粉体表面の一部を疎水化し，両親媒性の粉体とすることで水-油界面に対する接触角をコントロールし，微細で安定なエマルションを得ることに成功した。

今回は表面処理剤を活用して表面特性をコントロールしたが，両親媒性の粉体を活用したり，界面活性剤を併用したりするなど，様々な手段で接触角をコントロールすることによって，乳化状態を安定化させることが可能である。

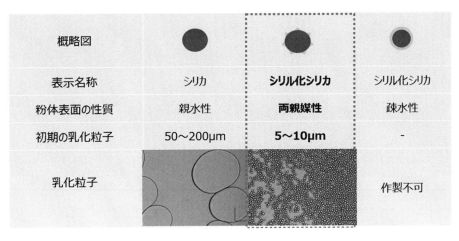

図3　シリカの表面処理によるピッカリングエマルションの乳化状態の違い

3. 1. 2　油の種類の選択

油剤の極性をコントロールすることによっても，微粒子の接触角をコントロールすることが可能である。

油水の接触角の元となる油水の表面張力は，微粒子と水，微粒子と油の表面張力の差で計算され[2]，極性（分極）の大きな油剤などを用いることで，接触角は大きくなる。

O/W型のエマルション作製時に微粒子表面が親水性に傾き，接触角が小さくなることで乳化状態が悪化している場合，高極性油剤などの配合により，乳化状態の改善が可能である。

3. 2　エマルション状態のコントロール

ピッカリングエマルションの安定性を向上させるためには，界面活性剤を用いた乳化同様にエマルションの状態（O/W型，W/O型の種類，エマルション粒径，内相率など）をコントロールすることが重要である。

3. 2. 1　体積分率

界面活性剤を用いた乳化同様に，内相率が高くなると粒子同士の衝突・接触が発生するため不安定化する。

またピッカリングエマルションでは同じ微粒子を用いていても，体積分率の変化でO/W型とW/O型のエマルションが顕著に変化するため，使用している微粒子がどの体積分率でO/W型とW/O型の変化点を持つか知っておき，狙ったエマルションの状態を保てる領域で作製することが重要である。

3. 2. 2　作製フロー

微粒子は界面に吸着するためのスピードが界面活性剤と比較して非常に遅いため，界面に吸着させ乳化状態にするためにより大きな撹拌力や長い撹拌時間が必要である。数マイクロ程度の細かい乳化粒子を得るためには，通常の撹拌では難しく，高い機械力を持つ撹拌装置や超音波での乳化が可能な撹拌装置が必要である。

またエマルション作製時に微粒子が，水や油のどちらの相に存在するかもエマルションの状態に影響を与える。

最初に存在していた相の影響を大きく受けやすく，微粒子が油相に存在していた場合は，微粒子表面が疎水性に傾き，油が連続相になりやすくなるため，W/O型のエマルションを形成しやすい。

3. 3　ピッカリングで安定化しやすい特殊な乳化領域

ピッカリングエマルションは界面を固体粒子で覆うため，通常の界面活性剤とは異なる挙動を示したり，乳化しにくい領域も乳化することが可能である。こちらでは代表的な2種のエマルションについて紹介する。

3. 3. 1　Liquid-in-Air 分散系

微粒子は空気中に液滴が分散された系であるL/A（Liquid-in-Air）分散系を安定化させることが知られている[3]。L/A分散系の代表例として，リキッドマーブルやドライウォーター（図4）が挙げられる。

この系はある程度の撥液性を持つ微粒子が，液滴の空気/液体界面に吸着し，固体微粒子の吸着した膜を形成することにより安定化される。液体の滴の表面を粉体がコーティングして安定化

第8章 O/W型ピッカリングエマルションおよびこれを含む化粧料型ピッカリングエマルション

図4 ドライウォーター
(甲南大学 村上 良 教授からご提供)

しているような状態であり，通常の界面活性剤では作製が困難とされている領域である。

微粒子の例としては撥液的な表面処理をされた微粒子や一部の有機化合物のみに限定され，作製時の撹拌力も制限されるため，実現の難易度は非常に高い。

しかし，この技術を化粧品に活用することにより，塗布した瞬間に粉体から液体に変化する化粧品なども開発可能になる非常に差別性の高い領域である。

3.3.2 マルチプルエマルション

通常，W/O/W型やO/W/O型のマルチプルエマルションを作製するためには，親水性の界面活性剤と疎水性の界面活性剤の2種が必要となるが，界面安定化物質の移動が容易に発生してしまうため，撹拌で単層のO/WやW/Oに戻ってしまうことが多く，作製フローや連続相の粘度などに工夫が必要である。

一方で，固体の微粒子を界面に吸着させるピッカリングエマルションは界面安定化物質の移動が起こりにくく，合一が発生しにくいため，W/O/W型やO/W/O型のマルチプルエマルションなどを作製しやすいという特徴を持っている。

過去のマルチプルエマルションの作製には，内相のエマルションのみ微粒子で安定化し，外相のエマルションには界面活性剤を併用した例[4,5]や，親水性の粒子と疎水性の粒子の2種類の微粒子を用いて作製した例[6,7]がある。

これらのエマルションは作製しやすいだけではなく，その後の安定性も長期間保ちやすい。

以上，ピッカリングエマルションの安定化挙動には界面活性剤とは異なる部分があり，それを理解しながら化粧品に活用することが重要である。また界面活性剤での乳化同様に，連続相の増粘も安定性に対して非常に重要な要素であり，ワックスや水溶性高分子などを適切に使用することで飛躍的に安定性は改善する。

これらの内容を元にピッカリングエマルションを安定化すれば，今までの界面活性剤で乳化した製剤とは異なる特徴をもつ化粧品の開発が可能である。

以下の項に弊社でピッカリングエマルションをサンスクリーン製剤に応用し，特徴を活用した例を示す。

4 耐水性を付与するピッカリングエマルションを応用したサンスクリーン製剤の開発

本項では O/W 剤型の耐水性向上技術の一例として，ピッカリングエマルションをサンスクリーン製剤に応用した検討を紹介する[8, 9]。

4.1 はじめに

海やビーチでは，日影が少なく，砂浜からの強い照り返しがあるため，日焼け止めを用いて紫外線から肌を守ることが，より重要視される。しかし，これらの環境では水や汗だけではなく，波，そして高濃度の塩によって日焼け止めが肌から落ちやすくなり，期待する UV 防御効果が得られないことがある[10, 11]。そのため，従来の耐水性機能だけではなく，塩に対しても流にくく，物理的な膜の強固さも兼ね備えた『海で落ちない日焼け止め』の開発が強く求められている。

4.2 研究の目的

「海で落ちない日焼け止め」を実現するために，我々は粉体のもつ特性と海水との相互作用に着目し，界面活性剤の代わりにシリカ微粒子を用いたピッカリングエマルションを日焼け止め製剤に応用した。

シリカ微粒子は界面活性剤と異なり，水に溶解しないため，塗布膜の再乳化が起こりにくく，高い耐水性が得られると考えられた[12]。さらに，塩によりシリカ微粒子の表面電荷が遮蔽され，凝集・疎水化するという性質を応用し，塩により膜を物理的に強固にすることで波による浸食を防ぎ，粒子の表面を疎水化することにより海水を弾くことができると考えられた。

4.3 粉体と海水の相互作用

はじめに，仮説通りシリカ微粒子が海水と触れた際に表面電荷が低下し，凝集・疎水化をするかどうかを確認した。

4.3.1 表面電荷の低下

水の中で無機粉体（金属酸化物）の表面は帯電しており，同符号の電荷同士の反発が斥力として働く。シリカ微粒子も中性付近の pH 環境においては，表面がマイナスに帯電しており，このマイナス同士の反発による斥力により水の中で分散する。

この表面電荷が海水に含まれる塩により，どのように変化するかを確認するため，シリカ微粒子の純水中および海水中における ζ 電位を測定した。海水には人工海水（GEX 社製）を用い，

第8章　O/W型ピッカリングエマルションおよびこれを含む化粧料型ピッカリングエマルション

ζ電位の測定にはζ potential Analyzer（OTUKA ELECTRONICS社製，ELS-Z）を使用した。

その結果，純水中で－16.84±2.18 mVであったζ電位が，海水中では－4.16±1.26 mVまで低下し，シリカ微粒子を海水中に分散すると，純水中と比較し，ζ電位は1/4に低下することが分かった。これはシリカ微粒子表面の電荷を海水に含まれるイオンが遮蔽したためと考えられる。

4.3.2　シリカ微粒子同士の凝集

水中において，シリカ微粒子の表面電荷が低下した場合，斥力が小さくなり，引力が強く働くため，シリカ微粒子は凝集する。

この様子を確認するために，シリカ微粒子を人工海水もしくは純水と質量比1：10で混合したサンプルを調整し，目視でその性状を観察した。すると，図5に示すように，シリカ微粒子は海水でより硬い構造体を形成することが分かった。これは，海水により表面電荷が低下し，斥力が小さくなるため，凝集体をつくるようになったと考えられる。

図5　海水と触れることにより凝集するシリカ粒子
A：純水と質量比1：10で混合したサンプル
B：海水と質量比1：10で混合したサンプル

4.3.3　表面の疎水化

微粒子は表面電荷が減少すると，より疎水的な振る舞いをするようになる。日焼け止めに耐水性を付与させるためには，塗布膜表面を疎水化させる必要があり，膜を構成するシリカ微粒子が疎水化することは重要である。

そこで，海水の影響による疎水化度の変化を確認するため，濡れ性試験機 Wettability Tester（RHESCA社製，WET-6200）を用いて，シリカを人工海水もしくは純水と質量比1：10で混合したサンプルの水への濡れ性を測定し，比較した。

純水もしくは海水とシリカの混合物の濡れ性を評価した結果，それぞれ8.8±0.2，1.3±0.4 mN（N＝3）であった。海水と混合することにより，最大濡れ力は1/6に低下しており，

水に濡れにくくなり，疎水性が高まっていることが確認された。これは，シリカ微粒子表面の電荷が少なくなったことに起因すると考えられる。

　以上より，シリカ微粒子は海水に触れることで，表面電荷が低下する結果，凝集体を形成し，疎水性を高めることが明らかとなった。

4. 4　ピッカリングエマルションを応用した日焼け止め製剤の開発

　シリカ微粒子の性質を最大限に生かすため，従来の界面活性剤を使用せずピッカリングエマルションを活用することとした。

　我々は，化粧品原料として汎用されているシリル化シリカを用いて，紫外線吸収剤を含む油相を乳化し，O/W 型の日焼け止め製剤を調整した。また比較として用いる従来の日焼け止めとして，界面活性剤を用いて乳化した日焼け止め製剤を用意した。2つの処方で用いた紫外線カット成分，油剤，安定性を保持するための水溶性高分子，ポリオールなどは同一とし，乳化剤の違いのみを評価できるようにした。

　作製の結果，双方とも5 μm 程度の O/W 型エマルションが形成されており，室温で3か月以上安定であった。

4. 5　海で落ちない日焼け止めの評価

　作製したピッカリングエマルションを用いた日焼け止めが，海で落ちない日焼け止めとして開発できているかを in vitro で評価した。ピッカリングエマルションを用いた日焼け止めと界面活性剤を用いて乳化した日焼け止めを，それぞれ2.0 mg/cm^2 になるように塗布した PMMA プレート（Helio Screen 社製，HERIO PLATE^{TM} HD6）を25℃の人工海水に浸漬し，波を想定し，マグネチックスターラーにて 150 rpm で2時間撹拌し続け，海水への流出量，塗布膜の状態，紫外線カット機能を評価した。

4. 5. 1　海水への流出量の評価

　まず，プレートから人工海水に流出した量がどれくらいであったかを確認するために，プレート浸漬後の人工海水中の紫外線吸収剤量を評価した。ターゲット物質としては，処方中に 7% 配合したメトキシ桂皮酸エチルヘキシルを設定し，液体クロマトグラフィー（Agilent Technologies 社製，HP1100）を用いて定量分析した。

　結果を図6に示す。ピッカリングエマルションを用いた日焼け止めは海水に流出した紫外線吸収剤が113.9 μg，（配合量に対して2.3%）であり，界面活性剤で乳化した日焼け止めの1327 μg（配合量に対して26.6%）と比較して，1/10であった。

　この結果から，ピッカリングエマルションを用いた日焼け止めは海を想定した環境できわめて落ちにくくなっていることが確認された。

第8章　O/W型ピッカリングエマルションおよびこれを含む化粧料型ピッカリングエマルション

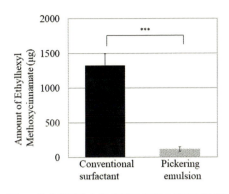

図6　海水浸漬後の紫外線吸収剤の流出量比較
左：通常の界面活性剤で乳化した日焼け止めサンプル
右：ピッカリングエマルションで作製した日焼け止めサンプル
Mean±SD, ***, p＜0.001, the paired Student t-test.

4. 5. 2　膜状態の観察

次に，海水への浸漬後，塗布膜がどのように変化しているのかを確認するため，浸漬前後の塗布膜断面の走査型顕微鏡SEM（JEOL社製，SM-9010）観察を実施した。

浸漬前後の塗布膜の断面を観察した結果を図7に示す。界面活性剤で乳化した日焼け止めは海水に浸漬した後では，塗布膜が薄くなり，海水中に流れ出していることが分かる。一方，ピッ

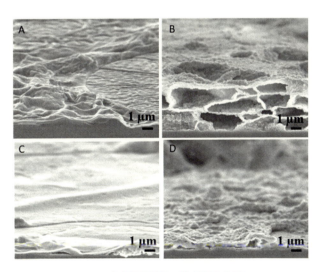

図7　海水浸漬前後の塗布膜の比較
A：海水浸漬前の界面活性剤を用いて乳化した日焼け止めの塗布膜
B：海水浸漬前のピッカリングエマルションを用いた日焼け止めの塗布膜
C：海水浸漬後の界面活性剤を用いて乳化した日焼け止めの塗布膜
D：海水浸漬後のピッカリングエマルションを用いた日焼け止めの塗布膜

カリングエマルションを用いた日焼け止めは浸漬後も塗布膜が残っていることが確認された。シリカ微粒子で構成される塗布膜が海水と触れることで疎水化され，耐水性を付与できたこと，また凝集し物理的な強度が高まることによって，撹拌の水流にも耐えられたためと考える。

4.5.3 紫外線カット機能の評価

最後に，海水に浸漬した後の紫外線カット機能の変化を確認するため，海水へ浸漬前後のプレートをSPF Analyzer（Lab sphere 社製，UV2000S）にて in vitro 測定した。

ここでは浸漬前の概算 SPF 値を100％として，浸漬後の概算 SPF 値の維持率を算出した。

その結果，界面活性剤を用いて乳化した日焼け止めでは，海水浸漬後に紫外線カット機能が約70％まで低下していたが，ピッカリングエマルションを用いた日焼け止めでは，約140％に増加することが有意に認められ，海水浸漬後に紫外線カット機能が低下しないだけでなく，向上することが分かった（図8）。

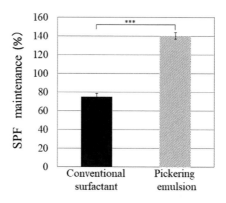

図8 海水浸漬前後の SPF 維持率の比較
左：界面活性剤を用いて乳化した日焼け止めサンプル
右：ピッカリングエマルションを用いた日焼け止めサンプル
Mean±SD, ***, $p<0.001$, the paired Student t-test.

4.5.4 海水に触れることで紫外線カット機能を向上させる理由

海水に触れることで，紫外線カット機能が向上した原因を明らかにするために，5％シリカ微粒子懸濁水液を石英板に均一な厚みで塗布し，海水に浸漬前後の紫外線領域の散乱を，分光光度計（JASCO 社製，V-660）を用いて測定した。

その結果，図9に示すように，紫外線吸収剤を含まないにも関わらず，海水に浸漬後，シリカ微粒子が紫外線を散乱することが認められた。これは海水に触れて形成されるシリカの凝集体が，紫外線を散乱しやすい粒径になり，散乱効率が向上したためと考えらえる。さらに，紫外線の散乱が増大することで，塗布膜中における紫外線の光路長が長くなり，塗布膜に含まれる紫外線吸収剤に効率よく吸収されることが，海水浸漬後の SPF 向上に寄与していると考えられる（図10）。

第8章　O/W型ピッカリングエマルションおよびこれを含む化粧料型ピッカリングエマルション

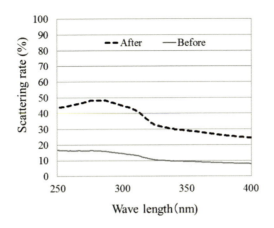

図9　海水浸漬前後のシリカ微粒子の散乱率の変化

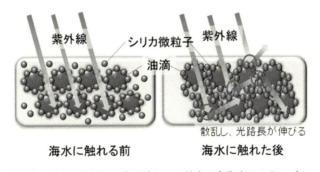

図10　海水浸漬前後で紫外線カット効率が変化するメカニズム

　このように微粒子の散乱によって光路長が伸び，紫外線吸収剤の紫外線カット効果が向上する現象はHerzogらによっても報告されている[13]。
　以上の結果から，開発したピッカリングエマルションを用いた日焼け止め製剤では，海水に浸漬することにより，紫外線から肌を守る機能が低下せず，むしろ向上することが確認された。

4.6　おわりに
　本技術は，海というサンスクリーンの塗布膜にとって過酷な環境下でも流れ落ちず，紫外線から肌を守り続けるのみでなく，海水を味方につけて紫外線カット機能が一段と高まる画期的な機能を有するサンスクリーン製剤の開発を可能にした。
　この技術により，従来日焼けを気にして海に行くことを躊躇し，行動を制限していた人々に，もっと海のレジャーを楽しんでもらえるはずである。また昨今注目されている日焼け止めの流出に伴う，海洋汚染に対する解決策の一つとなりうると考える。
　さらに，本稿では海での使用に特化したものとなっているが，イオンを含む汗などでも本技術

は同様の効果を発揮するため，スポーツや海以外のレジャーシーンでの活躍も期待できる，幅広い応用が可能な技術ある。

　今後も消費者が日焼けを気にせず，より楽しく充実した時間を過ごせるような技術の開発が可能になると考えられる。

　本内容は，日本化粧品技術者会 第 61 回セミナー講演用要旨集に掲載の内容（図表含め）に一部加筆・修正したものである。

文　　献

1)　中谷明弘，日本化粧品技術者会 第 61 回 SCCJ セミナー講演用要旨集，21-29（2024）
2)　Robert Aveyard *et al.*, *Advances in Colloid and Interface Science*, **100-102**, 503-546（2003）
3)　Ryo Murakami, *J. Soc. Powder Technol.*, **53**(8), 509-512（2016）
4)　K.P. Oza *et al.*, *J. Disp. Sci. Technol.*, **10**, 163-185（1989）
5)　N. Garti *et al.*, *J. Am. Oil Chem. Soc.*, **76**, 383-389（1999）
6)　B.P. Binks *et al.*, 'Multiple emulsions', German Patent assigned to Wacker-Chemie GmbH, DE10211313, filed 14y3y2002.
7)　B.P. Binks *et al.*, in 'Proceedings of 3rd World Congress on Emulsions', Lyon, CME, Boulogne-Billancourt（2002）
8)　A. Nakatani, K. Nanahara, W. horie, Development of new "sea-friendly sunscreens" of which functions were enhanced with seawater, *BOOK OF ABSTRACTS 29TH IFSCC Congress 2016*, ORLANDO FLORIDA（2016）
9)　中谷明弘ほか，*Fragrance Journal*, **27**(7), 28-32（2020）
10)　Brian Diffey, *Journal of Photobiology B: Biology*, **64**, 105-108（2001）
11)　Poh Agin P, *Dermatol Clin*, **24**(1), 75-79（2006）
12)　G. Puccetti, *International Journal of Cosmetic Science*, **37**, 613-619（2015）
13)　Bernard Herzog & Fazilet Sengün, *Photochemical & Photobiological Siences*, view article online, **14**, 2054-2063（2015）

第9章　面繊維化セルロース粒子（F25）について

森本裕輝[*]

1　はじめに

当社では，2012年からバイオマス由来のナノファイバー「BiNFi-s（ビンフィス）[1]」の製造販売を行っている。近年では，水分散体のナノファイバーだけではなく，セルロースナノファイバー（CNF）乾燥体[2]や，一回り太い繊維径を持つセルロースマイクロファイバー乾燥体[3]，天然ゴムと複合化したゴムマスターバッチ[4]，母材となるエポキシ樹脂にCNFを添加複合化したCFRPプリプレグ[5]など，用途に合った形態で市場への提供を進めており，応用先は広がってきている。

水分散体のセルロースナノファイバーであるBiNFi-sの課題として，① 2〜10 wt％の低濃度水分散液で製造されるため，使用時の持込み水分が多い，②アスペクト比が高いため，高粘度で扱いづらい，③分散には強いせん断力が必要，④コストが高い，などがあり，ユーザーによっては，実製品への適用が難しい場合もあった。そこで高濃度，低アスペクト比，高分散，リーズナブル，世界にないユニークな形状，といったコンセプトで開発したのが，表面繊維化セルロース粒子（F25）である。本稿ではF25の性状，基礎物性，想定される用途例について紹介する

2　表面繊維化セルロース粒子（F25）とは

F25は，表面に繊維構造を持つ直径7 μm程度のセルロース粒子を，25 wt％の高濃度で水に分散させた商品である。市販のセルロース粉末や結晶セルロースと比較すると，その比表面積は約20倍の70 m²/gであり，市販のセルロースは水に不溶性のため沈殿するが，F25は水に均一に分散する。その外観は白色で，ペースト状である（図1）。F25をt-ブタノールで溶媒置換後に凍結乾燥させたサンプルを電子顕微鏡で拡大観察すると，図2のような直径7 μm程度の粒子表面に繊維状構造を持つユニークな像が観察できる。また，F25の表面を走査型プローブ顕微鏡（SPM）により分析すると数十nmの凹凸が多数検出できることから，粒子でありながら，表面はナノファイバーに覆われている独特な構造をしている。レーザー回折・散乱式粒度分布測定により，市販のセルロース粉末と粒度分布を比較したところ，メジアン径が小さく，ピークが単一でシャープである。形状は不定形ながらも，おおよその粒子サイズが均一な素材となっている（図3）。

---

[*]　Yuki MORIMOTO　㈱スギノマシン　プラント機器事業本部　生産統括部　微粒装置部
　　　新材料開拓係　係長

ピッカリングエマルション技術における課題と応用

図1　外観（濃度 25 wt%）

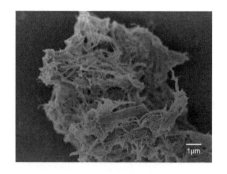

図2　FE-SEM 画像（1000 倍）

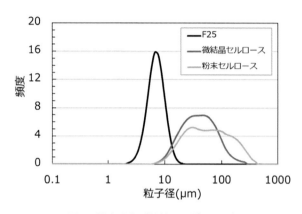

図3　粒度分布（数値はメジアン径）

3　表面繊維化セルロース粒子の分散性と粘度特性

　希釈分散性を評価するために，F25 を 5 wt％になるようにイオン交換水で希釈した後，プロペラ撹拌機で 200 rpm，15 分の撹拌混合した分散液について，経時変化を観察した。市販の微結晶セルロース，粉末セルロースは分散静置後 5 分で沈降が始まるのに対して，F25 は 24 時間後も安定した分散液の状態を維持する。また，高濃度の CNF を均一に希釈分散させるにはホモミキサーやホモジナイザーのような高せん断を伴う分散が必要となるが，CNF とは異なり，プロペラ撹拌のような低せん断の撹拌機でも十分に分散可能である。

　図4に F25 と当社の CNF ラインアップで粘度が最も低い FMa（BiNFi-s 極短繊維タイプ）の濃度と粘度の関係を示す。2 wt％，5 wt％，10 wt％の各濃度での粘度を比較すると，F25 の粘度は低くハンドリング性が良好である。次に温度による粘度変化について，F25 の 25℃，50℃の各濃度の粘度をプロットしたところ，温度が異なっても同様の粘度を示すことから，F25 の粘度は温度依存性が小さいことが分かる。F25 の 5 wt％希釈品は，粘度が 100 mPa・s 以下であり，ゲルではなく流動性の高い液体として取扱いが可能となる。

第9章　面繊維化セルロース粒子（F25）について

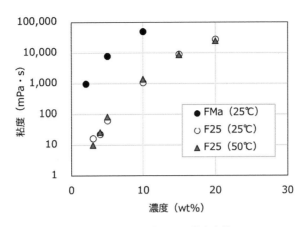

図4　濃度と温度による粘度変化

4　界面活性剤を使用しない乳化

　F25の用途例の1つに，乳化安定剤としての活用がある。乳化とは水と油のように本来は混ざり合わないもの同士が，どちらか一方に分散し，均一に安定化した状態のことである。また，水と油の界面に界面活性剤ではなく固体微粒子を存在させることで乳化する方法をピッカリングエマルションと呼び，μm～nmの固体微粒子が利用される。F25は直径が7 μmであることから，ピッカリングエマルションを形成する固体微粒子としてはかなり大きいが，その表面にはナノ繊維が存在しているため水と油の界面に吸着し，乳化状態を安定化させている。水と流動パラフィンの割合を変え，F25を添加混合した乳化物を図5に示す。水と油の割合が変わっても，F25の添加濃度を調整することで，安定した乳化物を得ることができる。乳化方法を簡単に示すと，ペースト状のF25を水相成分に十分に分散させた後に，油相を加え混合するだけである。

F25/水/油の配合比（wt%）				
F25	5	5	3	1
水	85	65	47	29
油	10	30	50	70

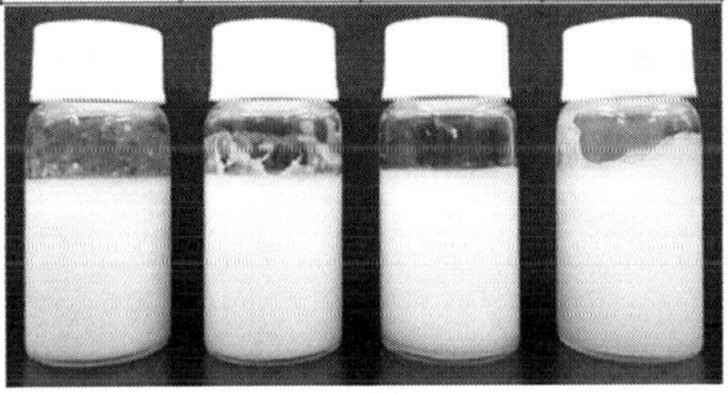

図5　油（流動パラフィン）の乳化物の状態と配合比

F25の最適な添加量は乳化物の油相割合によって変わり，油の割合が50 wt%未満の場合は終濃度で3～5 wt%を，50 wt%以上の場合は0.5～3 wt%を目安に添加する。また，F25は10℃以下の低温環境下でも乳化が可能なため，乳化時に加温の必要がないことは大きな特長である。たとえば熱により分解する成分や揮発性液体などについては冷却しながらの乳化処理が可能である。

5　70 wt%油相乳化物の粘度調整（低粘度～高粘度まで）

油相割合が高い，具体的には70 wt%流動パラフィンを含む乳化物に，F25を添加した時の濃度と粘度の関係を図6に示す。油相割合が高い乳化物は粘度が高くなりやすく，ゲル化しやすいが，F25を終濃度で0.5 wt%以下の少量を添加した時の乳化では油相割合が高い場合でも，低粘度での乳化が可能であり，終濃度でわずか0.5 wt%のF25を添加するだけで安定した乳化物ができる。さらに，F25の添加濃度を増やすことで乳化物の粘度がリニアに増加していくことから，F25の添加濃度を調整することで，低粘度から高粘度までの粘度調整が可能である。

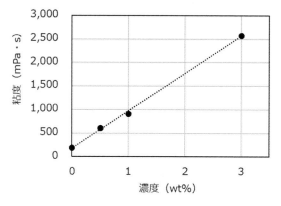

図6　F25添加による70 wt%流動パラフィン乳化物の粘度変化
（回転式粘度測定法，25℃，60 min^{-1}で測定）

6　油種を選ばない乳化

一般的に安定した乳化物を得るにはHLB方式による界面活性剤（乳化剤）の選定が重要となる。HLBとはHydrophile Lipophile Balanceの略で，乳化剤の疎水性と親水性のバランスを表す数値であり，乳化したい油種によってHLB値の近い乳化剤を選定して乳化させるのが一般的である。しかし，F25では対象となる油種を選ぶことなく安定した乳化が可能である。①イソプロピルアルコール（IPA），②ホホバ油，③スクワラン，④オリーブ油，⑤シリコーンの各種油を準備し，水：油＝1：1の割合で，F25の終濃度を3～5 wt%に調整し，ボルテックスミキサーで撹拌・混合した後，1日静置した時の乳化状態を図7に示す。油種に拠ることなく安定な

第 9 章 面繊維化セルロース粒子 (F25) について

F25/水/油の配合比（wt%）					
F25	5	3	3	3	3
水	45	47	47	47	47
油	50	50	50	50	50

図7　異なる油種の乳化
（①IPA，②ホホバ油，③スクワラン，④オリーブ油，⑤シリコーン）

乳化状態を維持しており，この乳化状態は1か月以上経過しても安定に保たれる。このように油種ごとに界面活性剤の選択が不要であることは，F25を使用するメリットとなる。

7　ワンステップ乳化

　一般的な界面活性剤を使った乳化物は，複数の油性成分により構成されていることが多いため，各物質の相溶性を見ながら，段階的な乳化が必要である。一方で，F25は油種に影響を受けないため，複数油種を混合した状態からワンステップで乳化が可能である。図7で使用した異なる5種の油を等量ずつ配合した混合油を準備し，水：混合油＝1：1の割合となるようにF25の終濃度を3wt%に調整，さらに常温下でボルテックスミキサーを用いて撹拌混合した。1日静置後の乳化状態を図8に示す。混合油のみと界面活性剤（ステアリン酸グリセリル）を添

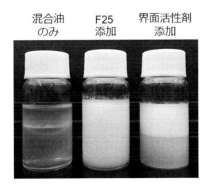

図8　5種混合油の乳化状態
（24時間静置後）

加した場合は分離してしまうのに対して，F25の場合は安定な乳化状態を維持し，1か月以上を経ても分離は見られない。

8 耐熱，耐塩性の高い乳化物の調整が可能

高温環境下や高温-低温の繰り返すような環境下で，F25は非常に安定な乳化効果を示す。界面活性剤を使用した乳化とは異なり，F25で調製した乳化物は分離を起こさず安定であり，製造工程で発生する温度やイオンの影響を受けない。水：流動パラフィン＝1：1に対して，F25の終濃度を3wt％に調整し，ボルテックスミキサーで撹拌・混合し，乳化液を作製した。その後，4℃の冷蔵庫に入れて十分に冷却させた後に，90℃のドライオーブンに移し，加熱するという工程を5回繰り返した。比較とした界面活性剤（ステアリン酸グリセリル）による乳化物では5回の繰り返し処理で完全に分離しているのに対して，F25を使用した乳化では安定な状態を維持しており，高温と低温の繰り返しの温度変化にも安定に乳化が維持されている。

次に高塩濃度（0.1～5wt％）の条件でも同様に乳化安定性が高いことを示す。水：流動パラフィン＝1：1に対してF25を終濃度で3wt％に調整し，ボルテックスで混合分散処理後，終濃度で0.1，0.5，1，3，5wt％になるようにNaClを添加し，乳化物の状態を観察した（図9）。界面活性剤は少量の塩の添加で分離が確認できるのに対してF25は乳化状態を安定に維持している。これらのことからF25の乳化は温度変化や塩濃度による変化に強い乳化作用を有する。

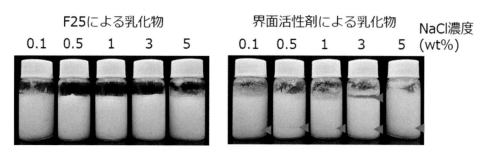

図9 NaClの添加による乳化状態
（左：F25による乳化，右：界面活性剤による乳化，三角印部は分離相が観察される部分）

9 おわりに

本稿ではF25の乳化作用を中心に紹介した。F25はユニークな形状を有する素材であり，乳化以外にも粉末材料のバインダー剤，保形剤などとして応用事例がある。また，CNFに比べて生産性が高いため，大量生産時のコストダウンを見込んでおり，大量に使用できるサスティナブル素材として実用化されることを期待している。

第9章　面繊維化セルロース粒子（F25）について

　最後に，当社ではナノファイバーを使用する顧客向けに，BiNFi-s の前処理方法や特性に関してまとめた技術資料をホームページ上で発信しているので，ぜひ参考にして評価に役立てて頂きたい。

文　　献

1)　㈱スギノマシン BiNFi-s HP，https://www.sugino.com/site/biomass-nanofiber/
2)　PR Times, プレスリリース　https://prtimes.jp/main/html/rd/p/000000035.000070070.html
3)　森本裕輝，*JETI*, **69**(9), 72-75（2021）
4)　BiNFi-s Technical Report, No.11-12（2020）
5)　峯村淳，*JETI*, **72**(4), 53-56（2024）

第10章 セルロースナノファイバーで被覆された
木質模倣真球微粒子の合成

北岡卓也[*]

1 はじめに

　時に千年を超える長寿命を誇る樹木を成しているのは，木質の二大成分であるセルロースナノファイバー（Cellulose nanofiber：CNF）とリグニンである[1]。セルロースは，グルコースがβ-1,4結合のみで連なったホモ多糖の高分子であり，石油由来の高分子と異なり人工合成することが事実上できない。天然では，量的にそのほとんどが樹木細胞壁を構成するセルロースミクロフィブリルとして賦存している。21世紀初頭に，このミクロフィブリルの繊維形態や結晶構造を壊さずに取り出す手法が次々と見出されたことから，天然由来のナノマテリアルとして産業利用が盛んに検討されている[2]。CNFは，木本・草本植物に共通する特徴的なナノ構造を有しており，幅約3nm，長さ数μmに及ぶ高アスペクト比の結晶性繊維である。また，天然のセルロースI型結晶は，伸びきり鎖のセルロース分子が繊維軸に沿って平行に配列・集合しており，これも人為的に再構築することができない[1]。

　一方，リグニンは木質を構成するもう一つの天然素材であり，高等植物の木化に関与するフェノール性芳香族化合物の高分子である[1]。天然リグニンは，CNFとは異なり特定の化学構造を持たないが，持続可能な開発目標（Sustainable Development Goals：SDGs）の達成に向けた再生産可能有機資源として，CNFと同様にその産業利用に期待が高まっている[3]。双方とも自然環境中で容易に生分解されることから，環境に優しい循環型天然素材としての用途拡大にも注目が集まっている。

　本章では，木質の二大成分であるCNFとリグニンからなる真球微粒子を合成し，海洋環境汚染を引き起こすマイクロプラスチック問題の解決に向けた化粧品添加剤としての応用を志向した研究[4]を紹介する（図1）。単なる混ぜ物として複合化するのではなく，本書の主題である「ピッカリングエマルション技術」を用いてコアシェル型構造を形成する手法と，木質成分を自然界で長期間にわたり物質循環させる「生態系材料学」のコンセプトを紹介する。

---

　* 　Takuya KITAOKA　九州大学　大学院農学研究院　環境農学部門　生物資源化学研究室
　　　教授

第 10 章 セルロースナノファイバーで被覆された木質模倣真球微粒子の合成

2 CNF の両親媒性と乳化能

　セルロースの構成糖であるグルコースは，25℃の水 100 mL に約 90 g も溶解するほど水溶性の高い物質であるにもかかわらず，それをつないだホモ多糖のセルロースは水にまったく溶解しない。これは，セルロースが細胞膜上で生合成される際に，ヒドロキシ基が豊富なエクアトリアル方向とヒドロキシ基のないアキシアル方向が空間的に分離した面を形成し，それぞれが親水面と疎水面となり（図 1），親水面同士の水素結合形成と疎水面同士の疎水性相互作用による安定化を経て，固体結晶としてナノファイバー化しているためである[1]。すなわち，CNF は固体表面に親水性部分と疎水性部分をあわせ持つ両親媒性物質であり，界面活性剤（乳化剤）として機能する[2]。CNF は分子ではなくナノ固体なので，そのエマルション形態は広義のピッカリングエマルションであり，水中油滴型や油中水滴型のエマルションを形成することができる。本章では，各種 CNF を固体界面活性剤として利用し，リグニン前駆体アナログのみを油相とすることで水中油滴型エマルションを調製し，微粒子合成の反応場とした（図 1）。

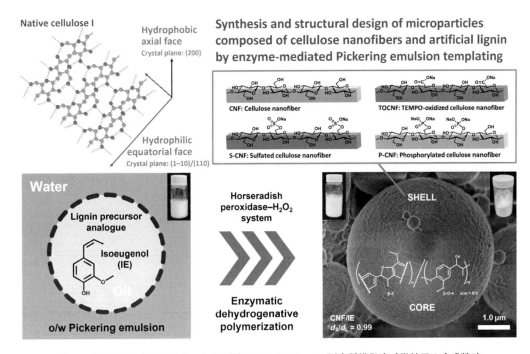

図 1　ピッカリングエマルション鋳型法によるコアシェル型木質模倣真球微粒子の合成戦略

2.1 CNF のナノ形状と界面構造

　CNF はナノ化の方法により，ナノファイバー形状や表面の化学構造が異なる。本研究で使用した 4 種類の CNF の構造特性情報を図 2 に示す。物理解繊した未修飾 CNF は，樹木中のミク

ロフィブリルをそのまま取り出したものとみなせるが，バンドル化しており解繊は十分ではない。一方，CNF の代表的な化学改質法である 2,2,6,6-tetramethylpiperidine-1-oxyl（TEMPO）を用いる触媒酸化法，いわゆる TEMPO 酸化法により，CNF 結晶表面の一級ヒドロキシ基のみをカルボキシ基に酸化した TEMPO-oxidized CNF（TOCNF）が得られる[5]。透過型電子顕微鏡（TEM）像および原子間力顕微鏡（AFM）像より分かる通り，TOCNF は極細で高アスペクト比の繊維形態を特徴とする。表面硫酸化 CNF（S-CNF）や表面リン酸化 CNF（P-CNF）もナノファイバーとして調製でき，それぞれ官能基量の違いなどでナノファイバーとしての性質や乳化能を制御可能であるが，いずれも極細かつ強い負荷電を示す（図2）。また，適切な官能基導入により，内部のセルロース I 型の結晶構造を保ったままナノファイバー化が可能である。結晶化度は官能基導入により低下するが，これは CNF の繊維軸にアモルファス（非晶）領域が生じたのではなく，表面構造の乱れを反映していると考えられており[6,7]，ナノファイバーとしての構造規則性は保たれている。最も特徴的な構造特性は，いずれの改質法でも官能基はセルロース結晶の親水面にのみ導入されており，CNF 本来の疎水面が保存されることである（図1）。そのため，CNF のみならず表面改質 CNF も固体界面活性剤として機能し，ピッカリングエマルションを形成できる。

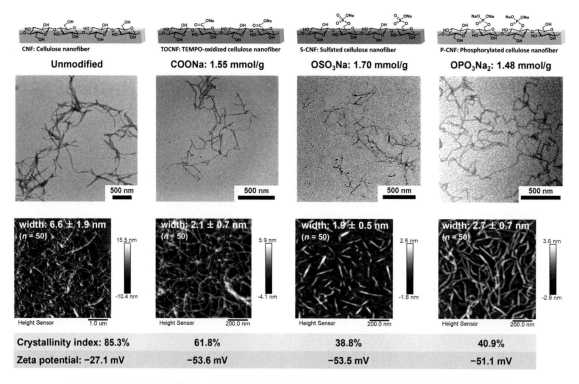

図2　各種 CNF の化学構造，ナノ形態（TEM／AFM 像），結晶化度および分散液のゼータ電位

第 10 章　セルロースナノファイバーで被覆された木質模倣真球微粒子の合成

2.2　CNF によるイソオイゲノールの乳化

　天然リグニンの構造は非常に複雑であるが，主な構成要素はフェニルプロパノイド類であり，グアイアシルプロパン骨格（G 核），シリンギルプロパン骨格（S 核），p-ヒドロキシフェニルプロパン骨格（H 核）の三種類の基本骨格から形成される[1]。これらを有機溶媒に溶解させて乳化重合することは可能であるが，脱炭素社会に向けたグリーントランスフォーメーション（Green Transformation：GX）の観点から，エネルギー負荷と環境負荷の双方が大きい有機溶媒の使用は制限される傾向にある。また，溶媒の使用により，エマルション粒子から微粒子合成する際に大きな体積収縮が生じる。そこで本研究では，針葉樹のモノリグノールであるコニフェリルアルコール（G 核）の構造アナログのイソオイゲノール（Isoeugenol：IE）を油相に用いた（図 1）。IE は植物の精油成分であり，バニリンの工業的生産にも使用されている天然資源である。Z 体（シス体）の IE は常温で液体のため，界面活性剤があれば水と IE を乳化可能である。この界面活性剤として CNF を使用することで，木質成分アナログのみでピッカリングエマルションを調製することができる。

　まず，固体状の界面活性剤として 4 種類の CNF を用い，代表的な分子状の界面活性剤であるドデシル硫酸ナトリウム（SDS）を対照とし，油水比 1：9（vol/vol）の条件で超音波ホモジナイザー処理を施して乳化した（図 3a）。各種 CNF により速やかに乳化し，直径 3.5〜5.4 μm のエマルション粒子が観察された。CNF による乳化では，SDS より大きなエマルションが形成されている。また，37℃で 48 時間静置してもクリーミングを起こすことなく，安定な乳液状態を維持することが可能である。すなわち，固体のナノファイバーである CNF が，界面活性剤として十分に機能することが示された。これまで，油状の重合性モノマーの TOCNF による乳化[8]や固体のコニフェリルアルコールを有機溶媒に溶かして CNF で乳化[9]した研究が報告されているが，本研究では油状のリグニン前駆体アナログのみを各種 CNF で乳化することに成功した[4]。

2.3　西洋わさびペルオキシダーゼによる酵素重合

　リグニン研究では，モノリグノール類を西洋わさびペルオキシダーゼ（Horseradish peroxidase：HRP）で脱水素重合した人工リグニン（Dehydrogenative polymer：DHP）がよく用いられている。合成高分子系の微粒子重合では，ラジカル開始剤による乳化重合・懸濁重合が行われるが，本研究では完全水系でのグリーンな微粒子合成を志向し，酵素の HRP と過酸化水素による乳化重合を試みた（図 1）。超音波ホモジナイザーによる乳化，バッファーによる希釈，HRP による酵素重合（37℃，72 時間），洗浄，凍結乾燥の各プロセスにおけるエマルションおよび微粒子の観察結果を図 3b に示す。ナノファイバー表面に酸性官能基が入っていない CNF では，希釈や重合時に相分離がみられたが，表面官能基化 CNF（TOCNF，S-CNF，P-CNF）では，きわめて高い分散安定性を保ったまま，酵素重合が進行した。合成収率も約 50〜80％と高く，黄白色の粉末が得られた。酵素を用いる物質製造の課題の一つが生産効率であり，72 時間の反応時間は長いかもしれないが，グリーン条件で微粒子合成が可能であること

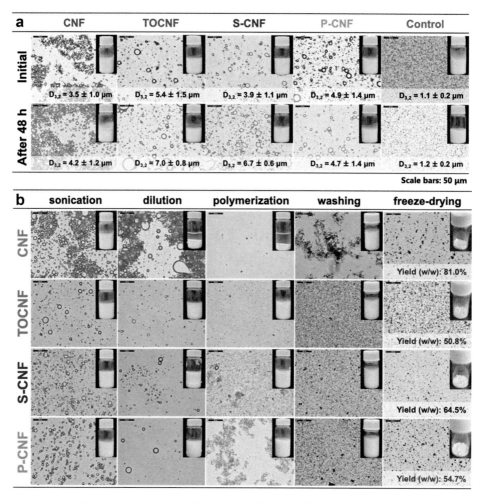

図3　各種CNFによるIEの乳化と安定性(a)および乳化・希釈・重合・洗浄・凍結乾燥過程(b)

から，温室効果ガスの排出量削減と産業競争力の向上を同時に達成するGXの観点から，今後は酵素重合による水系かつ天然物利用のモノづくりは，大いに脚光を浴びると期待される。

2.4　木質模倣真球微粒子の形態観察と真球度

CNFにより安定化したピッカリングエマルションを鋳型とする酵素重合であることから，生成した微粒子はCNFをシェル，DHPをコアとするコアシェル型構造が期待される。図4に，合成した微粒子の走査型電子顕微鏡（SEM）像を示す。比較的均一なサイズの球状微粒子が多数観察された。また，特にCNFで顕著であるが，粒子表面にはCNFと思われる屈曲した繊維状物質が積層しており，CNFにより微粒子表面が覆われていると思われる。表面改質CNFでは，繊維が細すぎて粒子表面のナノファイバーは明確ではないが，粒子間が極細の繊維状物質で

第 10 章　セルロースナノファイバーで被覆された木質模倣真球微粒子の合成

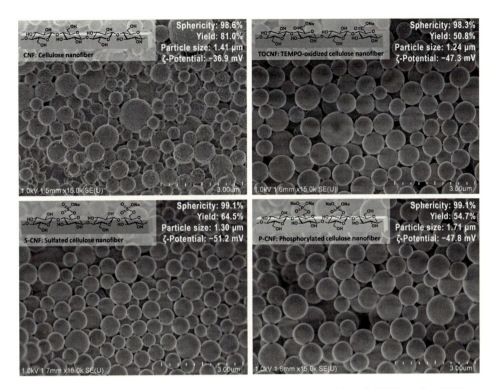

図4　合成した木質模倣真球微粒子のSEM像と真球度・収率・粒径・水分散液のゼータ電位

つながっている様子が見られる。トルイジンブルーO（TBO）によるメタクロマジー試験により，表面改質CNFによる被覆が確認されている[4]。収率はCNFで81.0％と最も高く，他の表面改質CNFでは51〜65％と収率の低下がみられたが，分散性の高さに起因する回収ロスと考えられるので，プロセス最適化により解決できる。

合成した微粒子の粒径は1.4〜1.7μmであり，化粧品添加剤微粒子に求められる粒径1〜10μmの作り分けの観点から，現状では下限に近いサイズに留まっている。今後，安定性を保ちつつ油水比を上げるなど，エマルションサイズを大きくして微粒子サイズを制御する工夫が必要である。油相を20％まで上げることで，直径約5μmまでのサイズ増大に成功している。HRP以外の酵素反応系，たとえばラッカーゼの使用なども有望であろう。また，近年問題になっている無機ナノ微粒子の健康被害や米国における巨額賠償事案などの情勢から，「100 nm以下の微粒子をまったく含まない，天然由来の海洋生分解性微粒子」は，化粧品業界において確かなニーズがある。

二軸法（短径を長径で除する方法）で算出した真球度はきわめて高く，どの微粒子もほぼ真球であった（図4）。また，水分散液のゼータ電位は強い負電荷であり，高い安定性を示した。真球形状は化粧品用マイクロビーズに求められる重要特性であり，ファンデーションの伸び性に影響する。合成した微粒子は表面のCNFが親水性であるため，皮膚から水分が移動することでサラ

サラの触感でありながら，疎水性部分をあわせ持つため，ヒト皮脂モデルの亜麻仁油の吸着量が多くなることが判明している。基礎化粧品への配合に期待が持たれる。

2.5 コアのリグニン構造と物質担持・徐放能

各種 CNF で被覆された微粒子のコア成分は，基質の IE が脱水素重合した化合物であると推定される。二次元核磁気共鳴（HSQC-NMR）分析を実施した結果，リグニンに特徴的な β-O-4 および β-5 結合モードに起因するスペクトルが得られた（図5a）。さらに，β-O-4 と β-5 の結合に起因する α ポジションのピークの積分値から，β-5 が β-O-4 の約 3～5 倍存在しており，コア成分は β-5 に富んだ構造をしていた。重合度は 5～10 程度であり，海底微生物による生分解性に有利なオリゴマーであった。

次に，CNF の化粧品機能への展開に向けて物質担持能を検討した。カチオン性色素である TBO の微粒子への吸着・脱着挙動を調べたところ，pH の変化に応じて TBO の可逆的な吸脱着が見られ，高い物質担持能と pH 応答的な物質放出能を発現した（図5b）。カルボキシ基，硫酸基，リン酸基では pK_a が異なるため，それぞれに応じて担持・脱離容量と応答を制御できる可能性がある。同じ微粒子を用いての繰り返し吸脱着にも成功している。精緻な表面構造を有する表面官能基化 CNF で被覆したリグニン微粒子は，機能性化粧品のモダリティとして有望である。

また，リグニンは樹木の紫外線耐性を付与する物質である。そこで，ヒト皮膚の日焼けや色素沈着に関与する UVB（280～320 nm）のプロテクト効果を確認したところ，有意に高い Sun Protection Factor（SPF）値を示した[4]。一般的なリグニン製品が黒褐色であるのに対して，本微粒子は黄白色であることから，化粧品用途において優位性が高い。

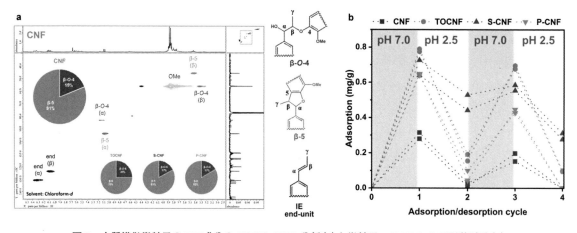

図5 木質模倣微粒子のコア成分の HSQC-NMR 分析(a)と微粒子への TBO の吸脱着試験(b)

第10章 セルロースナノファイバーで被覆された木質模倣真球微粒子の合成

3 生態系材料学のコンセプト

　CNFやリグニンを使ったモノづくりでは，製造・利用・廃棄時におけるLife Cycle Assessment（LCA）上の炭素削減効果だけでなく，本来の木質のように「自然生態系の中で物質循環すべきマテリアル」であるという重要な事実を再認識する必要がある。50年後，100年後の地球生存圏の在るべき姿を考えるに，大気圏・陸圏・海洋圏のすべてにおいてマテリアルもエネルギーも循環させる必要があろう。その時代においては，CNFやリグニンだけでなく，人間の営みによって生み出されるモノも生態系で循環できなければならない。

　そもそも生態系（Ecosystems）とは，自然界における生物（ヒトを含む）と，それを取り巻く環境が相互作用しながら存続する「生産・消費・分解による大循環」を指す。そこに，人類起源の物質が入り込んでも全体のバランスを崩さない，あるいはより良くなる姿が理想であろう（図6）。地球史においては，約5億1000万年前ごろに緑藻類から進化した陸上植物が，古生代石炭紀（約3億5900万～2億9900万年前）に大型化・繁栄し，それにともなって海洋への陸生植物の残骸の流出が起こり，海洋圏での微生物の生存競争と進化が促された結果，現在において深海底の微生物にセルロースやリグニンの分解能力が備わったと考えられている。つまり，木質成分のCNFとリグニンを用いて真球微粒子を合成することで，使用後に回収不可能な化粧品添加剤（木質系マイクロビーズ）が海洋流出しても，いずれ海洋微生物により安全に生分解されるであろう。また，生分解されるまでの期間および代謝産物の炭酸が海洋深層水に溶存することで，500～1000年にわたる超長期の炭素固定が可能になる。つまり，海に森を創る効果がある。よくある単なるマテリアル・エネルギーの代替戦略（＝既存の置き換え）では到達できない，人

図6　生態系材料学視点の社会活動と自然環境とが調和した超長期物質循環のコンセプト

89

工物を自然に残してはならないという固定概念をも覆す，生態系材料学なるサイエンスの創出が必要になるのかもしれない。

近年，石油由来の生分解性プラスチックが本当に深海で分解されることが実証されつつある[10]。人為起源の合成高分子の場合，生分解プロセスにおける未知の悪影響が懸念されるが，地球の歴史が証明している木質成分であれば心配は少ないかもしれない。いずれにしても，SDGsの達成や脱炭素社会の実現に向け，天然物のマテリアル利用の概念の大転換が迫っている。

4 おわりに

本章では，木質の二大成分であるCNFとリグニンを，ピッカリングエマルション技術により真球微粒子に形状を再構築することで，海洋生分解性が期待できる化粧品添加剤への応用を志向した研究を紹介した。天然のままのCNFや表面機能化CNFを用いて微粒子表面を覆い，コアに天然構造の人工リグニンを配置したコアシェル構造体は，様々な機能性化粧品のモダリティとして有望である。球状（0次元）に留まることなく，ファイバー（1次元），フィルム（2次元），立体・多孔体（3次元）材料などへの展開も可能であり，生分解の時間（4次元）を織り込んだ材料設計にも期待が持たれる。

地球温暖化を引き起こすCO_2を炭素固定するネガティブエミッション技術（Negative Emissions Technologies：NETs）に木質の利用技術を位置付け，SDGsの達成に向けて，世界全体で年間4億トン以上も生産・廃棄されているプラスチックによる環境汚染問題の解決と，自然生態系での超長期炭素固定を介した真の脱炭素社会の構築に資する新技術・新素材開発を目指す。

文　献

1) 日本木材学会 編，木材学 基礎編，海青社（2023）
2) 矢野浩之，磯貝明，北川和男 監修，セルロースナノファイバー 研究と実用化の最前線，エヌ・ティー・エス（2021）
3) 梅澤俊明 監修，リグニン利活用のための最新技術動向，シーエムシー出版（2020）
4) Y. Tanaka *et al.*, *RSC Sustain.*, **2**, 1580（2024）
5) T. Saito *et al.*, *Biomacromolecules*, **7**, 1687（2006）
6) K. Daicho *et al.*, *ACS Appl. Nano Mater.*, **1**, 5774（2018）
7) K. Daicho *et al.*, *Biomacromolecules*, **21**, 939（2020）
8) S. Fujisawa *et al.*, *Nanoscale*, **11**, 15004（2019）
9) K. Kanomata *et al.*, *ACS Sustain. Chem. Eng.*, **8**, 1185（2020）
10) T. Omura *et al.*, *Nature Commun.*, **15**, 568（2024）

第11章　ピッカリングエマルションの粒子安定剤と しての農業/食品廃棄物由来セルロースナ ノファイバーの利用

金井典子[*1]，丹沢美結[*2]，川村　出[*3]

1　はじめに

　ピッカリングエマルション（PE）は固体粒子が安定剤として液体-液体界面に吸着して安定化 されるもので，液滴同士の合一や相分離などを防ぐことができる[1]。PEは従来のエマルション に比べて，時間経過や熱的に高い安定性を発揮するなどの利点があり，食品・化粧品・製剤業界 において注目されている。特に，セルロースナノファイバー（CNF）は持続可能性，生分解性， 無毒性のため，PEの安定剤として近年研究が盛んになされている。CNFは，植物の細胞壁中 に蓄積された高結晶性のセルロース繊維を化学的，機械的，酵素的，もしくはこれらを組み合わ せた解繊法により，ナノメートルスケールに微細化されたバイオナノ素材である。世界的に最も 普及しているCNF原料は木材パルプだが，建材や紙製品との競合も背景にあることから，非木 材CNF原料の探索が活発に行われている。その筆頭として挙げられるのが植物性の農業・食品 廃棄物である。農業・食品廃棄物は，木材と比べて成長サイクルが早く，加工工場などで多量に 入手可能である特長をもつ。農業・食品廃棄物に含まれる細胞壁のセルロースミクロフィブリル は，木材と共通の結晶構造（セルロースI）を有するため，木材由来と同等の品質のCNFを得 ることができる。そのため，パーム椰子の空果房，サトウキビ搾汁後の搾りかす，バナナの皮， パイナップルの葉，ミカンの皮など，実に多様な廃棄物原料からCNFを抽出した例が報告され ている[2,3]。このような廃棄物から付加価値の高いCNFを生成することでアップサイクルが可能 となり，これらのバイオマス原材料の経済的価値・環境付加価値を高め，SDGsのいくつかの ゴールへの貢献やサーキュラーエコノミーの構築が期待される。

　著者らはこれまでに，食品廃棄物のコーヒーかすやビール栽培における農業廃棄物であるホッ プの蔓（つる）を原料としたCNFを分離してきた[4,5]。さらに廃棄物由来CNFをPEの乳化安 定剤として使用し，その安定化機構の研究を進めてきた[6~8]。最近では，ウォータージェット法 による幅2-3 nmのコーヒー粕由来ホロセルロースナノファイバーの単離にも成功している[9]。

＊1　Noriko KANAI　横浜国立大学　大学院環境情報研究院　助教
＊2　Miyu TANZAWA　横浜国立大学　大学院理工学府　化学・生命系理工学専攻　修士2年
＊3　Izuru KAWAMURA　横浜国立大学　大学院理工学府　教授

本稿では，ホップ蔓由来 CNF およびジアルキル鎖修飾 CNF の PE 乳化安定剤としての展開，および最先端磁気共鳴技術による PE の安定化に関する新しい評価方法について紹介する。

2　CNF を用いた乳化安定剤への応用と疎水化修飾による安定性の向上

　あらゆる植物の細胞壁に含まれる CNF は，水中で三次元ネットワークを形成し液滴粒子を分散安定化させることから，乳化安定剤としての応用が期待されている。CNF 乳化剤は他の界面活性剤とは異なり，CNF が固体微粒子として油水界面に存在することで安定化した PE を形成する。著者らは，ホップ蔓を原料として生成した 2,2,6,6-テトラメチルピペリジン-1-オキシラジカル（TEMPO）酸化型 CNF（TOCNF）を用いることでドデカンを油に用いた場合に安定した PE を得ることに成功した[6]。一方で CNF が元来持つ親水性によって，長鎖脂肪酸を豊富に含む植物油であるオリーブ油に対しては長期的な安定性が得られないことが同研究内で明らかになった。オリーブ油を用いた PE ではフロックと呼ばれる油滴の集合体が形成され，1 か月間の静置保存期間中に油滴の合一やオストワルド熟成が著しく進行した。そこで，このホップ蔓由来 CNF に対して，様々な長さのアルキル鎖を表面修飾することでアルキル化 CNF（ACNF）を作製し，水中油滴型 PE の長期的な安定性の向上を図った。
　CNF を疎水化修飾することは，親水性を持つ CNF が両親媒性の材料に変わるという点において，PE の安定性を向上させるために有効な方法である。Seo らは，長さが異なる 3 つのアルキル 1 本鎖をバクテリア CNF に修飾させ，炭素数 12 以上の長いアルキル鎖が安定化のために必要であることを明らかにした[10]。そこで我々は，油分子と修飾アルキル鎖の相互作用をより強めるためジアルキル鎖を表面修飾し，1 本あたりの炭素数に応じて diC4，diC6，diC8，diC10 と称して鎖長にともなう安定性向上への寄与を調査した[11]。また，食品・化粧品への応用を見据え，油成分にはオリーブ油とユーカリ油を用いた。最後に，油滴と CNF 間の分子レベルでの相互作用を調べるため，分子動力学シミュレーションを行った。

3　TOCNF および ACNF を用いたピッカリングエマルションの安定性評価

　TOCNF の C6 位カルボキシ基を EDC/NHS によって活性化させ，アミド結合を生成することでジアルキルアミンを表面修飾させた。二種類の油と TOCNF または ACNF 1％分散液を重量比で 20：80 の割合で混合し，超音波ホモジナイザー処理することで乳化を行った。室温で 1 か月間静置保存することで安定性を検討した。まずエマルションの内部構造を分析するため，共焦点レーザー顕微鏡による画像評価を行った。TOCNF と ACNF をコンゴーレッドで，オリーブ油とユーカリ油はナイルレッドで染色した。TOCNF で安定化させたオリーブ PE では，乳化翌日から液滴の合一やオストワルド熟成などの不安定化メカニズムが速やかに進行し，大きな油滴を確認した（図 1）。連続相では CNF ネットワークが染色されたが，油滴界面は強く染色され

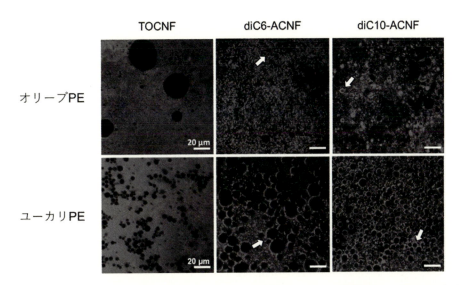

図1 乳化翌日のオリーブ PE およびユーカリ PE の共焦点レーザー顕微鏡画像。TOCNF は連続相全体が染色されているのに対して，ACNF では矢印で示すように油滴界面の強い染色が見られた。文献 11) から許可を得て転載。

なかったことから，界面には少量の TOCNF しか吸着していないことが分かった。一方，油滴界面においてはオリーブ PE とユーカリ PE ともに ACNF の強い染色が観察され，ジアルキル鎖の表面修飾によってより多くの ACNF が吸着したことが示された。ACNF で覆われた油滴は TOCNF で安定化させた油滴よりも小さく，油滴同士の合一や凝集を防いだ。これは，修飾されたアルキル鎖と油滴との間の疎水性相互作用によって説明でき，ACNF 上のアルキル鎖が油滴へのアンカーの役割を果たすことで ACNF が油滴表面を覆うことを可能にし，結果として界面エネルギーが低下したためと考えられる。

4 分子動力学 (MD) シミュレーションを用いた油滴と CNF 間の相互作用の解析

TOCNF を模倣したカルボキシル化 CNF と，diC6-ACNF を模倣したアルキル化 CNF を作成し，各 CNF の油滴に対する吸着の挙動解析を行うため，MD シミュレーションを用いて調査した。混合油であるオリーブ油やユーカリ油の再現はシミュレーションで困難であったため，モデル油としてドデカンを用いた。ドデカン–水–カルボキシル化 CNF またはアルキル化 CNF の系におけるシミュレーションを 10 ナノ秒間行った。カルボキシル化 CNF とアルキル化 CNF の両方とドデカン分子の相互作用エネルギーを分析した結果，レナード・ジョーンズ相互作用が主に寄与していることが明らかとなった。レナード・ジョーンズ相互作用とは主にファンデルワールス力と反発力をモデル化したもので，今回の系においては系内の疎水性相互作用のみを取り出

したエネルギーに値する。各CNFとドデカン分子間の平均レナード・ジョーンズ相互作用エネルギーを時間の関数として表すと，アルキル化CNFは，カルボキシル化CNFよりもドデカン分子と強く相互作用していることが分かった（図2）。これは，修飾したアルキル鎖がCNFと油分子の相互作用を著しく増強させていることを示しており，疎水化修飾によってCNFと油の疎水性相互作用を効果的に増大させていることを示唆している。

そこで，カルボキシル化CNFとアルキル化CNFがドデカン分子と相互作用している様子を0，20，100 nsでスナップショットを撮り，各分子の移動を観察した。図3に示すように，カル

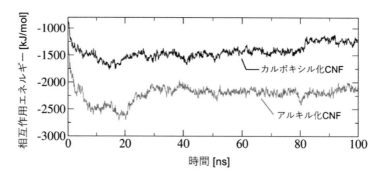

図2 カルボキシル化CNFおよびアルキル化CNFとドデカン分子間の平均レナード・ジョーンズ相互作用エネルギー。絶対値として大きいほど相互作用エネルギーが大きいことを表す。100 nsのシミュレーション中すべてにおいて，アルキル化CNFの方が相互作用が大きいことが分かった。文献11）から許可を得て転載。

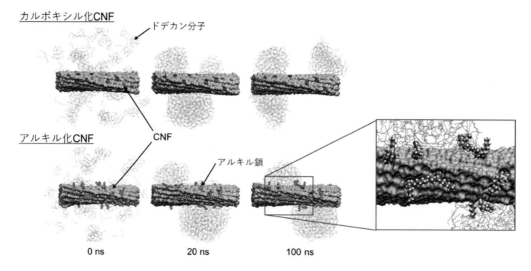

図3 カルボキシル化CNFとアルキル化CNFがドデカン分子に相互作用するシミュレーション内のスナップショット。アルキル化CNFにおける拡大図では，アルキル鎖がドデカン分子と好意的に相互作用し，アンカーとなって存在している様子が確認された。文献11）から許可を得て転載。

ボキシル化 CNF およびアルキル化 CNF ともに水中にランダムに分散したドデカン分子は CNF の疎水性表面（200 面）の周りに球状に凝集する様子を確認した。これは先行研究にて観察された油と CNF 結晶の疎水面との好ましい相互作用と一致した[12]。また興味深いことに，アルキル化 CNF における疎水面に存在するアルキル鎖は，シミュレーション中で油滴に対してアンカーとなるように固定された。この特定のアンカーリングの役割は異なる長さのアルキル鎖を修飾したアルキル化 CNF にも適用することができる。さらにこの MD シミュレーションの結果は，一つの ACNF に複数のジアルキル鎖を介したことで生まれた多点相互作用が，油滴と ACNF 間の親和性相互作用エネルギーの総和を増大させていることを示唆している。CNF 表面にジアルキル化修飾を行うと，導入したアルキル鎖がアンカーの役割となって油分子をキャッチするため，油と CNF 間の引力や親和性相互作用が非常に高まるという考えが MD シミュレーションによって支持された。

5 磁気共鳴技術を用いたピッカリングエマルションの解析

PE の不安定化に関わる液滴のサイズ分布・合一・凝集などは，顕微鏡観察や動的光散乱法で評価されるのが最も一般的である。光学顕微鏡や共焦点レーザー顕微鏡等による観察は，高度な測定・解析技術を必要とせず，汎用性が高い一方で，得られるのは限られた視野内に得られた液滴からのみとなり，サンプルの採取場所に強く依存する。動的光散乱法やレーザー回折法による液滴サイズ計測では，高粘度や白濁したエマルションでは希釈が必要となったり，凝集した液滴が単一の液滴としてカウントされることによるアーティファクトが生じたりする[13]。そこで我々は，磁気共鳴技術（Magnetic Resonance Techniques）を駆使することで，PE「全体」の不安定化機構の解明に挑んだ。

磁気共鳴技術は，強い磁場中に置かれたサンプルにラジオ波を照射したときの共鳴現象を利用して，非侵襲的かつ核種選択的な分子構造解析，緩和時間，運動性に関する情報を得ることができる。代表的なものに，核磁気共鳴法（NMR）や磁気共鳴イメージング（MRI）があり，NMR で得られる分光情報を画像化したのが，医療分野で主に使われる MRI である。MRI では，ボクセル中の原子核（通常はプロトン）の核磁気共鳴による空間的変化が画像のコントラストとして得られる。NMR と同様，MRI 測定に特定のシーケンスを用いることで，緩和時間（T_1, T_2）や自己拡散係数（D）等の物性値が測定できる。NMR にはない MRI の特徴として，サンプルを体積単位（ボクセル）に分割し，これらの物性値を個別に分析するため，体内の組織やエマルションのような均質でないサンプルを領域ごとに評価できることが挙げられる。医療用 MRI では，通常 1.5 または 3 T（テスラ）のマグネットが備わっており，数 mm 程度の解像度が得られるが，実験用（非人体用）の MRI では，NMR 分光装置にイメージング用のプローブ（検出器）を装着させることで行う。そのため，たとえば 14.1 T（600 MHz）のマグネットでは，50 µm 程度の高解像度で画像を得ることも可能である。

6 MRIによるピッカリングエマルションの不安定化機構の解明

オーストラリア Western Sydney University の Biomedical Magnetic Resonance Facility (BMRF) では，MRI や拡散 NMR 法を使った化学・生態学・医療分野の学際的研究が行われている。BMRF の高分解能 MRI を使って，ホップ蔓由来 TEMPO 酸化型 CNF で安定化された水中油滴型 PE を撮影し，乳化破壊全体像の可視化を行った[14]。先行研究において，ドデカンまたはオリーブ油で乳化した PE の凝集形態が大きく異なることが示唆されていたが，顕微鏡観察では，クリーミング挙動の部分的な情報しか得られていなかった[6]。11.7 T の MRI を使って 100 μm の解像度で PE の微細構造を撮影し，三次元画像を構築することで，乳化一か月後の PE 表面付近に凝集・合一した油滴の全体像が可視化された（図4）。オリーブ PE のサンプル上部には多くのフロックが認められたが，CNF による安定化により遊離油の形成には至っていないことが分かった。ドデカン PE では，下部には水層，上部には遊離油が分離し，合一した油滴が PE 表面付近まで移動している様子が確認された。

PE 全体を緩和時間測定用の MRI シーケンスで撮影することにより，遊離油・合一した油滴・乳化層・水層ごとに異なる緩和特性をもつ画像としてマッピングした（図5）。T_2 分布は MRI シーケンスの影響を強く受けたのに対し，T_1 分布は油滴の合一や凝集に伴う微細構造変化を反映していたことから，T_1 マッピングは PE の緩和時間の測定と微細構造評価に有用であることを見出した。

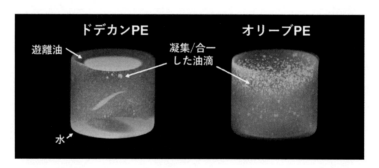

図4　1.0% CNF で安定化されたドデカン PE およびオリーブ PE の乳化一か月後の三次元 MRI。水，遊離油および凝集/合一した油滴が可視化された。文献 14) から許可を得て転載。

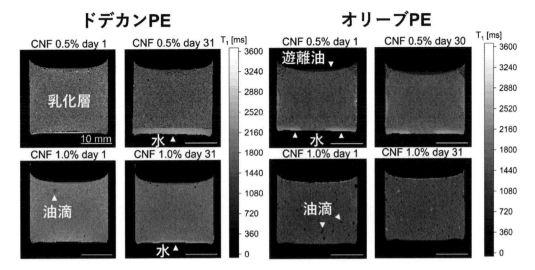

図5 乳化翌日および一か月後のドデカンPEおよびオリーブPEのT_1マップ（TEMPO酸化型CNF添加濃度0.5%：上段，1.0%：下段）。ドデカンPEでは，乳化翌日は均一なT_1で構成されているが，乳化一か月後にはサンプル下部に水層が分離した。オリーブPEでは，0.5%でのみ水層が出現し，0.5%の遊離油と1.0%の合一した油滴は同等のT_1を持つことが分かった。文献14)から許可を得て転載。

7　拡散NMR法によるピッカリングエマルションの液滴サイズ分布の決定

拡散NMR法，別名パルス磁場勾配エコー（PGSE）法を用いると，希釈せずに不透明のエマルションの液滴サイズ分布（DSD）を測定することができる[15]。液滴内分子の並進運動を測定するため，不透明で凝集した液滴のクラスターが含まれていても，個々の液滴サイズを検出できる利点がある。PGSE法では，磁場勾配を用いることで，核スピンに位置および空間情報をエンコードし，ミリ秒～数秒の拡散時間スケールにおける自己拡散係数（D）を測定する。エマルションの油滴中の油分子のように，自由拡散が制限された環境においては，拡散時間が大きくなると油分子は水/油界面に到達してしまうため，並進拡散が「制限」される。このような制限拡散のPGSE NMRデータは，数学的モデリングを基にした近似法（SGP近似，GPD近似等）を使って，DSDに変換することができる（図6）。そこで，5種類の異なる炭素数のn-アルカン（オクタンからヘキサデカン）とTEMPO酸化型CNF濃度（0.5から1%）で乳化したPEを希釈することなくNMR試料管に充填し，油の種類と乳化剤の添加量がDSDに与える影響を調べた[16]。

得られたPGSE NMRのデータは，DSDを対数正規分布に仮定した挙動に高精度でフィッティングされた（$R^2>0.998$）（表1）。CNF濃度が0.5から1%に増加すると，体積ベースでフィッティングした液滴のメジアン径（R）は3.0 μmから1.4 μmに減少した。高濃度のCNFでは，より多くのCNFが液滴表面を覆うことができるため，Rが小さくなったと考えられる。同様に，

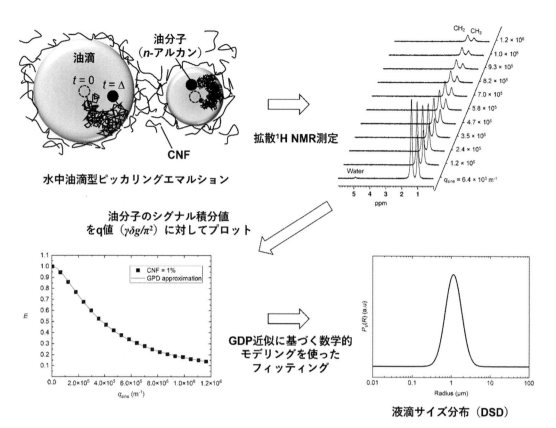

図6 制限拡散 NMR 測定法による PE の DSD 決定の概要。微粒子乳化安定剤である TEMPO 酸化型 CNF は NMR スペクトルに現れないため、油または水の共鳴と重なって分析が複雑になることがなく、非希釈 PE の DSD を測定するのに特に適している。文献 16) から許可を得て転載。

表1 PGSE NMR およびレーザー回折法で算出された液滴のメジアン径 R [μm]

CNF 濃度（%）	PGSE NMR	レーザー回折法	n-アルカン炭素数	PGSE NMR
0.5	2.99 ± 0.06	3.82 ± 0.01	8	3.48 ± 0.02
0.6	2.36 ± 0.02	n.d.	10	1.71 ± 0.003
0.7	1.80 ± 0.01	n.d.	12	1.41 ± 0.002
0.8	1.73 ± 0.004	2.50 ± 0.001	14	0.78 ± 0.002
1	1.41 ± 0.002	2.40 ± 0.002	16	0.69 ± 0.002

n-アルカンの炭素数を 8 から 16 まで長くしても、R は 3.5 μm から 0.7 μm に減少した。分布幅の広がりを見ると、CNF 濃度または炭素数が大きいほど狭くなり、均一な液滴が生成されていることが示唆された。また、PGSE NMR とレーザー回折法で得られた分布幅および R の比較検証を行った。分布幅の広がりに関しては、0.8 および 1% の高濃度サンプルにおいてレーザー回折法の方が PGSE NMR よりもかなり狭く、分析の前処理で行われた希釈や超音波の影

第11章 ピッカリングエマルションの粒子安定剤としての農業/食品廃棄物由来セルロースナノファイバーの利用

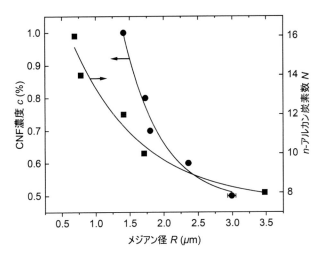

図7 CNF 濃度（c）および n-アルカン炭素数（N）に対する体積ベースのメジアン径（R）は，それぞれ $c=0.48+6.28\times0.17^R$ および $N=7.46+15.7\times0.38^R$ で表される近似的な指数関係を示した。文献 16) から許可を得て転載。

響と考えられた。しかし，特筆すべきは両者で得られた R は ±1 μm でよく一致し，測定技術に依存しないことを実証した点である。また，得られた R と CNF 濃度（油はドデカンに固定）または n-アルカンの炭素数（CNF 濃度は 1% に固定）は，ベキ乗で近似されることも見出した（図7）。このような関係性は，特定の液滴サイズをもつ PE を設計する上で重要な指針となる。

謝辞

本稿には，JST COI-NEXT リスペクトでつながる「共生アップサイクル社会」共創拠点（JPMJPF2111），日本学術振興会 特別研究員 DC1（JP21J20591），JSPS 科研費 研究活動スタートアップ支援（24K23119），学術変革領域 A（JP21H05229），NEDO 官民による若手研究者発掘支援事業・マッチングサポートフェーズ（JPNP20004），公益財団法人 横浜学術教育振興財団 2024 年度研究助成（918），公益財団法人 住友財団 基礎科学研究助成（210760）による助成を受けて実施された研究成果が含まれます。

文　献

1) S. U. Pickering, *J. Chem. Soc., Trans.*, **1907**, *91*, 2001.
2) J. Pennells *et al.*, *Cellulose*, **2020**, *27*, 575.
3) B. Jayanthi *et al.*, *Biocatal. Agric. Biotechnol.*, **2024**, *57*, 103124.
4) N. Kanai *et al.*, *Cellulose*, **2020**, *27*, 5017.
5) N. Kanai *et al.*, *ACS Agricultural Science and Technology*, **2021**, *1*, 347.

6) N. Kanai *et al.*, *Colloids Surf. A*, **2022**, *653*, 129956.

7) 金井典子，川村出，繊維学会誌，**2023**, *79*, 145.

8) 金井典子，川村出，オレオサイエンス，**2024**, *24*, 191.

9) N. Kanai *et al.*, *Carbohydrate Polymer Technologies and Applications*, **2024**, *8*, 100539.

10) H. M. Seo *et al.*, *Carbohydr. Polym.*, **2021**, *258*, 117730.

11) M. Tanzawa *et al.*, *Carbohydrate Polymer Technologies and Applications*, **2024**, *8*, 100574.

12) Y. Li *et al.*, *Nano Energy*, **2017**, *34*, 541.

13) J. P. M. van Duynhoven *et al.*, *Magn. Reson. Chem.*, **2002**, *40*, S51.

14) N. Kanai *et al.*, *Langmuir*, **2023**, *39*, 3905.

15) M. L. Johns *et al.*, *Prog. Nucl. Magn. Reson. Spectrosc.*, **2007**, *50*, 51.

16) N. Kanai *et al.*, *J. Mol. Liq.*, **2024**, *403*, 124793.

第12章　微粒子を利用した疎水性粉体の　水への分散技術の開発

山本徹也*

1　はじめに

　近年，セルロースナファイバーやカーボンナノチューブ（CNT）のようなナノサイズの粉体を樹脂や水へ分散させる研究が盛んに行われている。これらのナノ材料が高い力学物性や電気伝導性を示すので，複合化させることで多機能，高性能材料が開発され，軽量かつ高剛性材料として飛行機，自動車，スポーツ用品，電子デバイスなど様々な分野で活用されている。一般に疎水性粉体を水に分散させる場合には，界面活性剤を粉体に吸着させて分散させることが行われている。われわれの研究グループでは高分子微粒子の表面形態を自在に制御する技術を開発しており，この技術を応用して炭素繊維表面を微粒子で修飾し，炭素繊維強化プラスチック（CFRP）の高性能化に取り組んできた[1,2]。本稿では対象を疎水性粉体とし，この表面修飾に混酸あるいは高分子微粒子を活用することで水さらには樹脂中に分散させる技術について述べる。

2　混酸によるカーボンナノチューブ表面修飾とその複合高分子微粒子の　合成

　CNTを70℃の混酸（硫酸／硝酸＝3/1）中での表面処理によりCNT表面に親水部を付与し，界面活性機能を得た。混酸処理時間の増加に伴い，CNTのゼータ電位が負に強くなる。これはCNT表面にカルボキシル基等の含酸素官能基が導入されたためである。

　このCNTを界面活性剤として用いて油溶性開始剤AIBNを溶解したベンジルメタクリレート（BMA）のピッカリングエマルションを超音波乳化により調製し，加熱しエマルション内部におけるモノマーの重合を進行させCNT被覆高分子複合粒子が合成される（Fig. 1a）。各ゼータ電位のCNTを用いて合成したPBMA複合粒子のSEM像をFig. 2a，b，cに示す。表面電位が小さいほど，表面被覆率と粒子径ともに増大していることが分かる．これはCNTの疎水性が強く油滴表面に吸着しやすくなったことが原因である。また表面に存在する界面活性機能を有するCNT間に働く斥力が弱まるため，油滴同士が凝集しやすく粒子径が増大した。

　あらかじめBMAモノマーに疎水性の高い未処理CNTを添加し，モノマー滴内部にCNTを内包したピッカリングエマルションを調製した。そして，エマルション内部でモノマー重合を行

---

　　*　Tetsuya YAMAMOTO　名古屋大学　大学院工学研究科　准教授

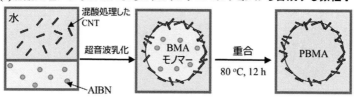

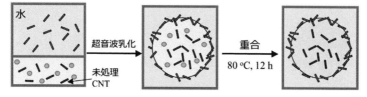

Fig. 1 CNT複合高分子微粒子の合成：(a)混酸処理CNTの利用；(b)混酸処理，未処理CNTの利用

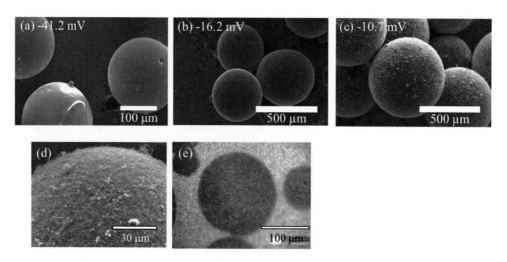

Fig. 2 複合高分子微粒子：(a)混酸処理CNT（−41.2 mV）；(b)混酸処理CNT（−16.2 mV）；(c)混酸処理CNT（−10.7 mV）；(d)混酸処理CNT（−10.2 mV）；(e)(d)の断面写真

うことでCNTを内包したポリマー微粒子が合成できる（Fig. 1b）。混酸処理したCNT（ゼータ電位が−10.2 mV）を用いて合成されたPBMA複合粒子の表面形態と断面観察結果をFig. 2d, eに示す。CNTを内包することでCNTの被覆率が85.1％に向上した。これは粒子表面に吸着した表面処理CNTと粒子内部の未処理CNT間に相互作用が働き粒子表面のCNTの脱着を抑えることができたためである。このようにして合成したCNT複合微粒子の力学物性を微小圧縮試験機により測定した。球形粒子を圧縮した場合には内部に働く引張応力によって変形・破壊が生じる。粒子が10％変位した時の荷重を測定し10％変位時の圧縮弾性変形を算出し，その結果

第 12 章　微粒子を利用した疎水性粉体の水への分散技術の開発

Table 1　複合微粒子の 10% 変位時の圧縮弾性変形

サンプル	Fig. 2 (a)	Fig. 2 (c)	Fig. 2 (d)
10% 変位時の圧縮弾性 [kgf mm^{-2}]	19-41	74-138	198-368

を Table 1 に示した。CNT を内包することにより複合微粒子の力学物性が向上し，フィラーとしての効果を確認することができた[3]。これらの複合微粒子を配列させ微粒子膜を作製すると複合微粒子表面に存在する CNT により導電性を示す樹脂膜を合成することができる[4]。

3　微粒子により表面修飾したカーボンナノチューブの水への分散性

　CNT の表面修飾に用いる高分子微粒子をソープフリー乳化重合法で調製した。微粒子は正または負に帯電させることができる[5,6]。ここではモノマーにはメチルメタクリレートを開始剤には 2,2′-アゾビス(2-メチルプロピオンアミジン)二塩酸塩を使用した。一般に静電相互作用を利用して CNT 表面へ高分子微粒子を吸着させると両者の電気二重層が圧縮され凝集し，沈殿する (Fig. 3a)。この凝集を防ぐためには，CNT を両親媒性モノマーである N-ビニルアセトアミド (NVA, 昭和電工) を重合した PNVA 水溶液に浸漬させ超音波を 1 時間照射し PNVA で被覆する前処理を行う。すなわち水中で PNVA が形成する水和層による立体反発力で分散安定性を付与する。この後，ソープフリー乳化重合により調製した正帯電のポリメチルメタクリレート (PMMA) 微粒子のコロイド溶液に PNVA 修飾 CNT を浸漬させ高分子微粒子を静電相互作用により吸着させる。この時，電気二重層による斥力は弱まるが PNVA の水和層による立体反発力が作用し，分散状態を維持した状態で微粒子表面修飾を完了させることができる (Fig. 3b)。Fig. 4a は PNVA とソープフリー乳化重合法で調製した正帯電を示す PMMA 微粒子で表面修飾した CNT の SEM 像である。PNVA で被覆した CNT のゼータ電位は負であった。負帯電の PMMA 微粒子を用いた場合，微粒子による表面修飾は実現することはできなかった。よって in-situ 吸着による表面修飾の駆動力は静電相互作用である。Fig. 4b は電解質を添加したときの凝集・分散の挙動を紫外可視分光光度計による透過率測定で評価した結果である。混酸で表面処

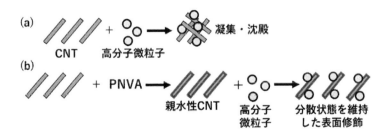

Fig. 3　高分子微粒子による CNT 表面修飾：(a) 前処理なし；(b) PNVA による前処理あり

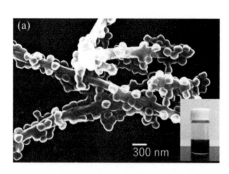
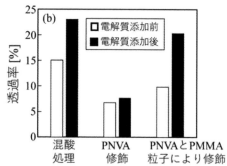

Fig. 4 混酸，PNVA，PMMA微粒子で表面修飾したCNT：(a)微粒子が吸着しているCNTのSEM像とその水溶液；(b)光透過性

理したCNTはカルボキシル基がその表面に導入されるため負に帯電しており，電解質の影響を受けて一部凝集し光透過性が上昇したと考えられる。一方，PNVAで表面処理したCNTは電解質の影響で電気二重層斥力が弱まったとしても水和層による立体反発力が作用するので高い分散安定性を維持し，透過率が低いままである。しかし，PNVAとPMMA微粒子で表面修飾した場合，電解質の添加によりCNTの凝集が起こり透過率が上昇した。CNT表面に吸着したPMMA微粒子は正に帯電しているので，これらの電気二重層が電解質により圧縮され分散安定性が低下したことが原因である。以上より，両親媒性ポリマーのPNVAを被覆することにより水和層が形成され，その立体反発力でCNTは水中で分散している。PNVAの表面の親水化によりCNT表面の濡れ性が増し，PMMA微粒子は静電的に吸着し，その粒子の静電反発によりCNTは水中で分散安定性を維持している[7]。この微粒子表面修飾CNTは樹脂中への分散が期待され，高機能複合材料の開発に貢献できると考えられる。

4 微粒子により表面修飾したリサイクル炭素繊維とその樹脂への分散性

CFRPのリサイクル法の一つに粉砕法がある。これは機械的な破壊によりCFRPから炭素繊維を回収する方法である。リサイクル炭素繊維を得るために，CFRPを一軸破砕機（MF10ベーシック，IKA）で粉砕した。リサイクル炭素繊維の繊維長は150 μm未満の割合が多く，このサイズの炭素繊維はフィラーに適していると考えられるので，PMMA樹脂との複合化を検討した。リサイクル炭素繊維の表面に修飾する高分子微粒子の調製にはカチオン性水溶性開始剤（2,2′-アゾビス(2-メチルプロピオンアミジン)二塩酸塩，富士フイルム和光純薬）と熱可塑性樹脂のモノマーであるメチルメタクリレート（MMA，富士フイルム和光純薬）を70℃の水溶媒にて6時間撹拌するソープフリー乳化重合法を用いた。調製したPMMA微粒子は正のゼータ電位を示しており，負帯電を示すリサイクル炭素繊維表面に静電相互作用を利用し吸着させた。熱重量測定TG（Shimadzu）により炭素繊維表面に吸着したPMMA微粒子の質量を定量化した[1]。

第12章　微粒子を利用した疎水性粉体の水への分散技術の開発

吸着したPMMA微粒子は500℃で完全に分解したので，この時の重量差は炭素繊維表面に吸着してたPMMA微粒子量に相当すると考え，炭素繊維単位面積あたりに吸着している微粒子を3.51 g/m²と算出した。このように表面修飾したリサイクル炭素繊維1 wt%をホットプレス機（Tester Sangyo）によりPMMA樹脂と複合化させた。この複合材料の力学物性を小型引張試験機（10073A/B, Japan High Tech）を用いて評価した。

複合化には表面修飾したリサイクル炭素繊維のPMMA樹脂中における分散性を評価するため，ホットプレス機の加温前後の移動距離を評価した。母材樹脂中心部にリサイクル炭素繊維を配置し中心からの距離で母材樹脂を三つのArea 1, 2, 3に分画した（Fig. 5a）。未修飾の炭素繊維はArea 1に集中して存在しており複合化の過程で分散性が良いとは言えない。一方，PMMA微粒子により表面修飾した炭素繊維はArea 2, 3の領域で未修飾炭素繊維の頻度を大きく上回り，樹脂中での分散性が高いことが分かった（Fig. 5b）。これは炭素繊維表面の物性が表面修飾により母材樹脂とほぼ同等になったことで樹脂が加温で溶けたときに，母材樹脂と炭素繊維の濡れ性が向上し，拡散しやすくなったことが原因である。リサイクル炭素繊維をフィラーとしてPMMAに複合化させた複合材料の力学物性の評価をFig. 5cに示す。本図よりリサイクル

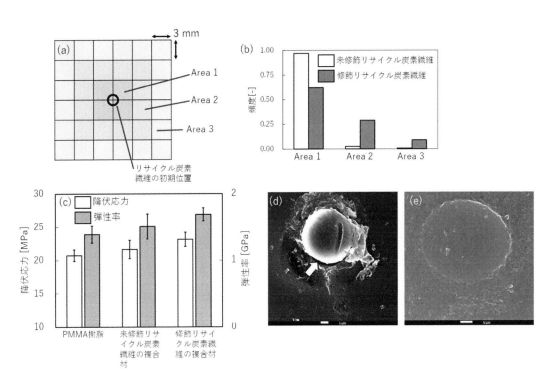

Fig. 5　PMMA微粒子で表面修飾したリサイクル炭素繊維とPMMA母材樹脂の複合化：(a)母材樹脂の分画図；(b) (a)で定義した場所に存在するリサイクル炭素繊維の割合；(c)複合材の力学物性；(d)未修飾リサイクル炭素繊維複合材の断面図；(e)修飾リサイクル炭素繊維複合材の断面図

炭素繊維を添加することでPMMA複合材の力学物性が向上している。さらに炭素繊維を
PMMA微粒子で表面修飾することにより，PMMA複合材料の降伏応力と弾性率ともに向上し
ていることが明らかとなった。これは母材樹脂の微粒子をあらかじめフィラーであるリサイクル
炭素繊維表面へ吸着させておくことで母材樹脂内でのフィラーの分散性が向上したことと母材樹
脂とリサイクル炭素繊維界面の接着性が向上したことに起因している。樹脂内でフィラーの分散
性を向上させることは応力集中による力学物性の低下を抑制することができる。界面接着性につ
いて考察するために複合材料の断面図を電子顕微鏡で観察した（Figs. 5d, e）。Fig. 5d中の矢
印が示すように，未修飾のリサイクル炭素繊維には母材樹脂との間に空隙が存在した[8]。一方，
微粒子表面修飾を施したリサイクル炭素繊維には樹脂との間に空隙が見られず，表面修飾により
母材樹脂の濡れ性が改善し複合材の力学物性が向上した。

5 おわりに

　本稿の表面修飾による疎水性粉体の水または樹脂中への分散技術は，従来の疎水性粉体を界面
活性剤などで分散させていた技術と同等もしくはそれ以上の効果がある。ナノ材料の表面修飾技
術は静電相互作用による吸着と水和層の立体反発による分散が同時に作用することで達成され
る。また，ナノ材料と比べサイズの大きいバルク材料である炭素繊維表面への微粒子修飾は炭素
繊維と母材樹脂の界面接着性が向上するので，炭素繊維強化プラスチック等の複合材料強度の向
上に貢献することができる。他にも電着操作を利用すると炭素繊維表面への微粒子修飾が容易に
なり，修飾させたい微粒子の帯電状態に応じて炭素繊維に与える電圧を調整することができ
る[9,10]。最近では炭素繊維表面に中空微粒子を修飾し複合材料の破壊挙動を制御することも可能
になり[11]，今後，粉体工学，炭素材料，複合材料分野を横断する材料開発のための要素技術とし
ての活用が期待される。

文　　　献

1)　T. Yamamoto *et al.*, *Composites Part A*, **88**, 75-78 (2016)
2)　T. Yamamoto *et al.*, *Composites Part A*, **112**, 250-254 (2018)
3)　T. Yamamoto & K. Kawaguchi, *Colloids and Surfaces A*, **529**, 765-770 (2017)
4)　T. Yamamoto & K. Kawaguchi, *Colloid and Interface Science Communications*, **20**, 5-8
　　(2017)
5)　T. Yamamoto *et al.*, *J. Chem. Eng. JPN*, **39**, 596 (2006)
6)　T. Yamamoto & K. Higashitani, *KONA Powder and Particle Journal*, **35**, 66-79 (2018)
7)　T. Yamamoto & N. Toyoda, *Colloid and Interface Science Communications*, **20**, 1-4

第 12 章　微粒子を利用した疎水性粉体の水への分散技術の開発

（2017）

8)　T. Yamamoto, Y. Makino, K. Uematsu, *Advanced Powder Technology*, **28**, 2774-2778 （2017）

9)　T. Yamamoto *et al.*, *Composites Science and Technology*, **181**, 107665 （2019）

10)　Y. Ota & T. Yamamoto, *Surface & Coatings Technology*, **388**, 125591 （2020）

11)　T. Yamamoto & Y. Terada, *Composites Part A*, **146**, 106506 （2021）

第13章 ピッカリングエマルション技術を用いた可食コーティング剤の物性・安定性と青果物品質保持効果

田中良奈[*1], 田中史彦[*2]

1 はじめに

　近年，プラスチックに替わる環境負荷低減型の新たな鮮度保持技術として，可食コーティングが注目されている。可食コーティングとは，可食材料で作られ，食品の外表面を覆う，製品に悪影響を与えない薄い層と定義される。ガス・水分バリア性を持ち青果物の呼吸や蒸散を抑制するとともに，抗菌性の物質を使用することで微生物の増殖抑制も期待できる。そのほか，外観の向上や傷の予防，遮光性などの効果も期待でき，様々な素材について，その効果が検証されている。

　可食コーティングを構成する基本的な材料は，親水性の高分子ポリマー（多糖類やタンパク質）と疎水性の脂質（植物油脂や精油）で，それらに様々な素材を加えることで機能性を向上させることができる。特に精油は抗真菌効果を向上させる素材として注目されており，様々な精油について種々のカビに対する適切な濃度等が調査されている。ここで今回注目したいのが，エマルションの作製方法である。親水性と疎水性の材料を混ぜるためには乳化剤が必要であり，食品添加物として認められているソルビタンモノオレアートやポリオキシエチレンソルビタンモノオレアート等が使用される例が多い。しかし，これらを使用せず，ピッカリングエマルション技術を用いることで，よりグリーンな可食コーティング剤の開発が可能となる。そこで筆者らは，セルロースナノファイバー（CNF）やセルロースナノクリスタル（CNC）等を用いてピッカリングエマルションを作製し，溶液の安定性やフィルムの物性値，青果物の品質保持効果について調査した。その結果，乳化剤と同等，あるいはそれ以上の効果が得られたため，本章では，それらの一部を紹介する。

---

*1　Fumina TANAKA　九州大学　大学院農学研究院　農産食料流通工学研究室　助教
*2　Fumihiko TANAKA　九州大学　大学院農学研究院　農産食料流通工学研究室　教授

第13章 ピッカリングエマルション技術を用いた可食コーティング剤の物性・安定性と青果物品質保持効果

2 ピッカリングエマルション技術を用いた可食コーティング剤の特性

2.1 製法と溶液の安定性

　ピッカリングエマルション技術を用いた可食コーティング剤の固体粒子として，ナノセルロースが有用である。ナノセルロースのような多糖類系乳化剤は，異方的な繊維構造が魅力で，疎水性，高吸着力，生分解性，生体適合性などの特徴を持ち，非常に低い環境負荷レベルで油水界面の安定化を可能とする。研究室で行う実験レベルでは，溶液作製後直ちに青果物にコーティング処理を施すため，乾燥までの時間，すなわち数時間〜1日程度安定を保てば良い。しかし，コーティング溶液の商品化を目指す際，使用時に溶液が分離していた場合はホモジナイザーで再度撹拌する必要があるため，導入にあたり障害となる可能性がある。よって，溶液の長期安定化はコーティング溶液の商品化における重要な要素の一つである。

　ナノセルロースを用いた可食コーティング溶液は，ナノセルロースと精油をそれぞれ蒸留水に分散させた後，ホモジナイザーで撹拌し，それらを混合して再度撹拌，さらに，ベースとなる水溶液と混ぜ合わせ撹拌することで得られる。筆者らは，キトサン-CNF-サンダルウッド精油の水中油型（O/W）ピッカリングエマルションを作製する際に，CNFの濃度を0%〜0.31%の範囲で変化させ，その安定性について調べた[1]。なお，キトサンは0.8%，サンダルウッド精油は0.5%で固定とした。まず，図1にキトサンとダルウッド精油から成るO/Wエマルションの共焦点レーザー顕微鏡（CLSM）による観察画像を示す。CNFをアクリジンオレンジで染色したところ，精油表面にCNFが付着し，精油表面を覆っていることが確認された。また，CNFの含有量が増加するにつれて液滴サイズが小さくなり，特に，CNF濃度0.24%〜0.31%であるグループIIIの油滴サイズは，通常のエマルションよりも小さく，均質に分布していた（図2）。次に，調製10分後，14日後，30日後，および常温保存時のエマルションサンプルを比較すると（図3），CNF濃度が高くなるほど乳化能が向上し，CNF濃度が0.24%以上であれば30日経過後も沈殿や分離はみられず，通常のエマルションを形成した場合と同程度であることが示さ

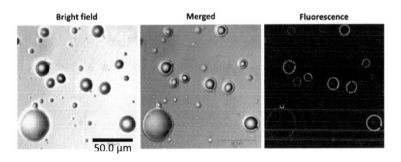

図1　キトサン-セルロースナノファイバー-サンダルウッド精油を用いたピッカリングエマルション
（左：原画像，中：原画像と染色画像結合，右：アクリジンオレンジで染色したセルロースナノファイバー）（Wardana *et al*., 2021）

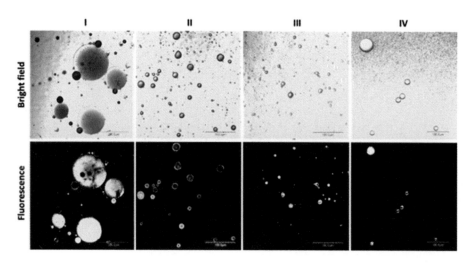

図2 ナイルレッドで精油を染色したキトサン-サンダルウッド精油溶液のCLSM画像
(Ⅰ：CNF0％，Ⅱ：CNF0.006-0.21％，Ⅲ：CNF0.24-0.31％，Ⅳ：乳化剤使用)（Wardana *et al.*, 2021）

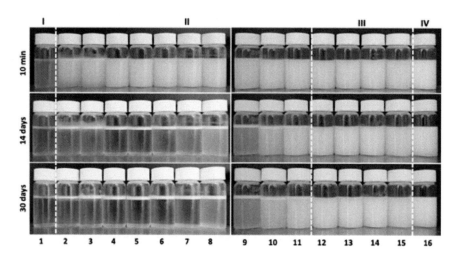

図3 セルロースナノファイバー（CNF）の濃度が異なるキトサン-サンダルウッド精油溶液の安定性
1-15：左から順にCNF濃度0, 0.006, 0.012, 0.038, 0.063, 0.088, 0.11, 0.14, 0.16, 0.19, 0.21, 0.24, 0.27, 0.29, 0.31％，16：乳化剤使用（Wardana *et al.*, 2021）

れた。そのほか，ペクチンをベースとし，ペパーミント精油と混合したピッカリングエマルション[2]においても，CNF濃度0.175％以上にて30日間安定性を維持することが確認されており，CNFを用いたピッカリングがこれらのエマルションの安定化に有効であることが示されている。

なお，最終的なCFN濃度は，フィルム作製時やコーティング後の強度，青果物の品質保持効果等も考慮した上で決定する必要がある。

2.2 フィルムの特性

可食コーティングは青果物表面で膜を形成し，機械的損傷の軽減や，ガスや水分，光の透過を抑制することで，鮮度保持効果を発揮する。よって，膜形成後の強度や各種透過率はコーティング剤設計において重要なパラメータである。青果物表面に形成された膜は薄く，剥離して各パラメータを測定することは難しいため，シリコンモールドやシャーレ等を用いたキャスティング法にてフィルムを作製し物性値を測定するのが一般的である。ナノセルロースを用いた可食コーティングフィルムは，乳化剤を用いて作製されたフィルムに比べ引張強度が向上することや紫外線・可視光に対するバリア性が高くなることが確認されている。たとえば，キトサン-サンダルウッド精油による可食コーティングフィルムでは，乳化剤に代わり CNF を用いることで，フィルムの厚さが 0.05 mm から 0.09 mm へ，引張強度が 10 MPa から 12 MPa へ増加すること，光透過率が最大 74％低下することが明らかとなっている[1]。また，ペクチン-CNC-リモネン精油による可食コーティングフィルム[3]でも同様の傾向がみられるとともに，乳化剤使用時と比較して伸び率が 48％から 66％へ増加する結果が確認されている。

引張強度や伸び率の向上には，ナノフィラーの形状や剛性だけでなく，水素結合でつながった

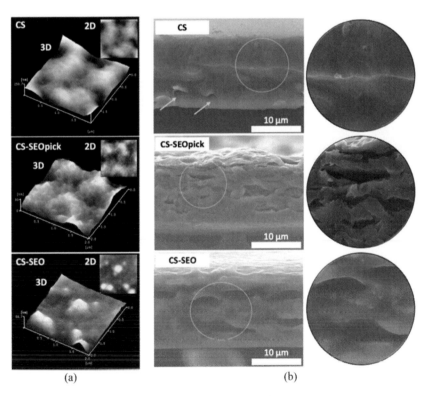

図4 キトサン-サンダルウッド精油フィルム表面の AFM 観察画像(a)および断面の SEM 画像(b)
(CS：キトサンのみ，CS-SEOpick：セルロースナノファイバーでピッカリングエマルション化，CS-SEO：乳化剤を用いてエマルション化) (Wardana *et al.*, 2021)

CNF の硬い連続ネットワーク形成も関連している[4]。しかも，ナノサイズのセルロースは周囲の分子と容易に水素結合を形成することができ，また，アスペクト比が大きいことから相互に連結したネットワーク構造を形成できるため，低濃度でも強い相互作用をもつことが知られている[5,6]。光透過率の低下については，CNF 添加によって総固形分含有量が増えるため厚みが増加したほか，CNF によってフィルムの表面が粗くなるとともに，フィルム内部に不連続な空隙が発生したこと（図4）で，光の散乱が引き起こされたものと考えられる。

3　可食コーティングによる青果物品質保持効果

3.1　抗真菌効果

　前述の通り，可食コーティング溶液の安定性はナノセルロースの添加によって高まるが，残念ながら，真菌はセルロースを分解する能力を持っている。真菌は細胞外酵素であるセルラーゼを使ってセルロースをセロビオースやグルコースなどの小さな鎖に分解し，代謝に利用する[7,8]ため，抗真菌機能の低下が懸念される。そこで，筆者らはナノセルロースを用いたピッカリングエマルションの抗真菌効果について検証した。その結果，抗真菌効果の低下はみられず，乳化剤を使用した場合と同程度か，むしろ効果が向上したケースもあった。たとえば，ペクチン-CNC-リモネン精油によるピッカリングエマルションを混ぜた PDA 培地上で，*Penicillium digitatum*（*P. digitatum*）を培養したところ，乳化剤を用いた場合と比較して菌糸の成長が 3.87％抑制された[3]。また，キトサン-サンダルウッド精油による *Botrytis cinerea*（*B. cinerea*）および*P. digitatum* に対する抗真菌効果を調査した結果，PDA 培地上では，乳化剤使用時と CNF 使用時で有意差は無く，同等の抑菌効果が確認された[1]。さらに，ミカンとリンゴの側面にそれぞれを植菌し，その上からコーティングを施して貯蔵したところ，いずれに対しても乳化剤使用時より CNF 使用時において抑菌効果がみられ（図5），*P. digitatum* の成長に対する阻害率はそれぞれ 37.21％および 43.61％であった。

　対象となる微生物は異なるものの，精油成分であるリモネンは細胞膜の透過性を低下させ，細胞内への電解質の漏出を引き起こし，最終的に *Zygosaccharomyces rouxii* を死滅させることが確認されている[9]。また，Ranjbaryan *et al.* はカゼインナトリウムとシナモン精油から作製したフィルムの精油放出量を調査し，Tween80 に比べ CNF を使用した方がエマルションの安定性が高まり，シナモン精油の放出量が抑えられることを明らかにしている[10]。よって，精油が長期安定的にコーティング溶液および青果物表面に留まり徐放されたことで，真菌胞子の膜の完全性阻害効果の持続に繋がった可能性がある。

　精油による抗真菌効果のみを取り上げてきたが，ベースとしてよく用いられるキトサン自身にも抗菌効果はある。キトサンの正電荷と真菌膜の負電荷を持つリン脂質成分との相互作用により細胞膜の構造が変化することで膜透過性が高まり，細胞内容物の漏出が促進され[11]，さらに，この現象によりキトサンは DNA に結合，mRNA や必須タンパク質，酵素の合成を阻害すること

第13章　ピッカリングエマルション技術を用いた可食コーティング剤の物性・安定性と青果物品質保持効果

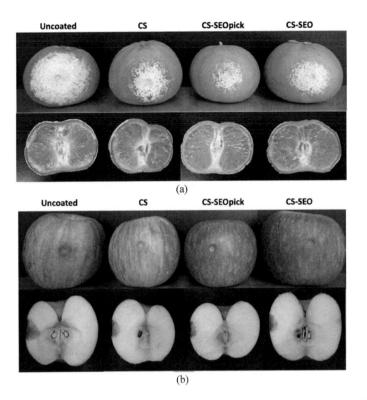

図5　*Penicillium digitatum* および *Botrytis cinerea* の発病に対する各種コーティング処理の有効性
（CS：キトサンのみ，CS-SEOpick：セルロースナノファイバーでピッカリングエマルション化，CS-SEO：乳化剤を用いてエマルション化）（Wardana *et al*., 2021）

ができる[12]。そこで，CNF（0.24％）の乳化共安定剤として0.06％または0.12％のキトサンナノ粒子（Chi-NP）を加えたコーティング溶液を作製し，抗真菌効果を調査した。その結果，*P. digitatum* と *Rhizopus stolonifer*（*R. stolonifera*）の胞子の発芽数が減少し，キトサン単体の場合の発芽阻害率が54％（*R. stolonifer*）および76％（*P. digitatum*）であるのに対し，カユプテ精油を組み込んだピッカリングエマルションは80％（*R. stolonifer*）および84％（*P. digitatum*）で，Chi-NPを混合することで，阻害率はさらに高くなる結果（図6）となり，抗真菌活性が相加的に向上することが確認された[13]。

以上，精油成分には真菌の生育を抑制する効果があり，ピッカリングエマルション技術を用いることでその効果をより発揮できることが示された。

113

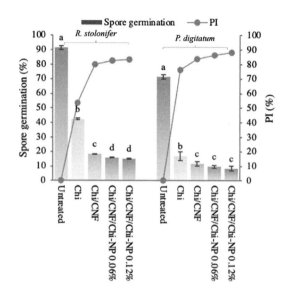

図6 セルロースナノファイバーとキトサンナノ粒子を用いたピッカリングエマルションによる発芽阻害率 PI

(Chi：キトサンのみ，Chi/CNF：キトサンとカユプテ精油をセルロースナノファイバーでピッカリングエマルション化，Chi/CNF/Chi-NP：Chi/CNF にキトサンナノ粒子を 0.06% または 0.12% 混合したもの)（Wardana et al., 2023）

3.2 品質保持効果

ピッカリングエマルションを用いた可食コーティングの効果は抗真菌性だけでなく，質量損失の抑制や内容成分の保持，外観の維持も期待される。ペクチン-CNF-ペパーミント精油による可食コーティング溶液でブドウをコーティングして貯蔵した結果，コーティングによって質量損失が抑えられ，表面の光沢を保つこと，ビタミンCの減少を抑制することが確認された[2]。また，キトサン-CNF-カユプテ精油-Chi-NP による可食コーティング溶液でミカンとトマトをコーティングし貯蔵した結果，有意差は認められないものの，コーティング果実は質量損失を抑えられる傾向が見られた[13]。スターチ-CNC-蜜蝋ワックスで構成される可食コーティング溶液でも，バナナの成熟によるシュガースポットの出現を遅らせ硬度を維持すること，イチゴの質量損失や色の変化を遅らせ，硬度を維持すること，カットリンゴの質量損失を15％以上抑え，褐変による色の変化を抑制したことが報告されている[14]。

これらの現象には，コーティングのガス・水移動バリア性によって呼吸や蒸散が抑えられたこと，紫外線透過を抑制したこと，酸素の接触を抑制したこと等が寄与していると考えられる。可食コーティングフィルムの接触角は，疎水性である精油が加わることによって増加する。キトサンのみのフィルムと，カユプテ精油と CNF によるピッカリングエマルション技術を用いて作製したフィルムの接触角を比較すると，前者が53°であるのに対し，後者は86°まで増加した[13]。CNF の親水性はキトサンより高いが，精油に由来する疎水基が存在することで，水-バイオポリ

114

第13章　ピッカリングエマルション技術を用いた可食コーティング剤の物性・安定性と青果物品質保持効果

マー相互作用が低下し，結果として接触角が低下する。よって，コーティングを施すことで水蒸気透過性が下がり，質量損失の抑制につながると考えられる。なお，水分を含む内容成分の保持については，コーティングによってガス透過が抑制され，呼吸代謝が抑えられることも要因の一つと考えられるが，精油がもつ抗酸化作用や酵素活性阻害作用も品質保持に貢献すると考える。Khan et al.[15]は，リュウガンにチモール精油を燻蒸処理すると，果皮の褐変を防ぎ，総フェノール含量と総フラボノイド含有量を維持可能なこと，また，ポリフェノールオキシダーゼ活性を抑制することを明らかにしている。ピッカリングエマルション技術を用いて精油を徐放させることで，精油のもつ青果物品質保持効果がより長期間持続し，青果物の品質保持につながることが期待できる。

4　おわりに

　本章では，可食コーティング溶液にピッカリングエマルション技術を用いることによる溶液の安定化やフィルムの強度の向上，抗菌性の向上や青果物品質保持効果について紹介した。ここで紹介した例以外にも，ピッカリングエマルションを用いた可食コーティングに関する研究は報告されているが，対象とする菌や青果物によってコーティング溶液の最適な構成成分や濃度は異なるため，材料や濃度を変えた際の溶液の物性や抗真菌性，青果物品質保持効果については引き続き調査が必要である。同時に，実現象を追うのみではなく，シミュレーションやAIを用いて理論的に整理していくことができれば，より効率的にコーティング剤の開発が進むと考えている。また，今回は可食コーティング剤の製造コストについては触れていないが，可食コーティングは従来のプラスチック包装に比べ材料費が高いことも課題である。特にナノマテリアルはベース素材等に比べ高価なものが多いため，より安価な素材や低コスト製造法の開発が望まれる。これらの課題を解決することで可食コーティングの有用性はより高まると考えられる。ピッカリングエマルション技術は青果物の鮮度保持効果を飛躍させる可能性を秘めた技術であり，より環境負荷の小さい革新的な技術として期待される。

文　　献

1)　Wardana A. A. *et al.*, *Scientific Reports*, **11**, 18412（2021）
2)　Marcellino V. *et al.*, *Int. J. Food Sci. Technol.*, **59**(10), 7795-7807（2024）
3)　Kusuma G. *et al.*, *Int. J. Food Sci. Technol.*, **59**(10), 7837-7851（2024）
4)　Samir M. A. S. A. *et al.*, *Polymer*, **45**(12), 4149-4157（2004）
5)　Abdul K. H. P. S. *et al.*, *Carbohydr. Polym.*, **150**, 216-226（2016）

6) Cheng, K. C., *et al.*, *NPG Asia Mater.*, **11**, 25 (2019)

7) Edwards, I. P. *et al.*, *Appl. Environ. Microbiol*, **74**, 3481-3489 (2008)

8) Lynd, L. R. *et al.*, *Microbiol. Mol. Biol. Rev.*, **66**, 506-577 (2002)

9) Cai, R. *et al.*, *LWT Food Sci. Technol.*, **106**, 50-56 (2019)

10) S. Ranjbaryan *et al.*, *Food Packag. Shelf Life*, **21**,100341 (2019)

11) Garcia-Rincon, J. *et al.*, *Pestic. Biochem. Physiol.*, **97**(3), 275-278 (2010)

12) Kong, M. *et al.*, *Int. J. Food Microbiol.*, **144**(1), 51-63 (2010)

13) Wardana A. A. *et al.*, *Food Control*, **148**, 109633 (2023)

14) Binh M. *et al.*, *Chem. Eng. J.*, **431**, 133905 (2022)

15) Khan. M.R *et al.*, *Chem. Biol. Technol. Agric.*, **8**, 61 (2021)

第3編

ピッカリングエマルションの応用

第14章　グルテンフリー米粉パンの開発：生地の膨化メカニズムとしてのピッカリング安定化

矢野裕之[*]

1　はじめに

　小麦粉を原料につくられるパンは，古代メソポタミア文明の時代には既に食されていたといわれ，現在でもパンを主食（のひとつ）とする国は欧米をはじめ世界で数多くある。総務省による家計調査では，2人以上で構成される世帯でのパンの支出金額が2011年にご飯を初めて上回るなど，わが国でもパン食が着実に進んでいる。

　一方，食物アレルギー患者が安心して食べることができ，かつ，品質の高い食品の開発が求められている[1]。小麦アレルギーやセリアック病患者は小麦粉を原料に使用して製造されるパンを摂取できない。また，食料自給率の低下が憂慮されるわが国において，国内で自給できる米やその加工品の有効活用は食料安全保障の観点からも重要である[2]。世界情勢や地球温暖化の影響を受け，近年では小麦粉の供給が滞る場合があり，国産で賄える米粉を主原料としたパンが注目されている。

2　パンが膨らむしくみ

　一般的な小麦粉パンの製造工程を図1Aに紹介する。小麦粉に水を加えて混捏すると粘弾性のある生地（ドウ）が生じる。これは，小麦種子に含まれる2種類の蛋白質，グリアジンとグルテニンがジスルフィド結合を介して複雑なネットワークを形成し，グルテンが生じたからである。ドライイーストと砂糖が添加された生地では，アルコール発酵により炭酸ガスとエタノールを主成分とする発酵ガスが生じる。グルテンはその編み目構造により発酵ガスを閉じ込めるため，発酵が進むと生地は風船の集合体のように膨らむ。

　グルテンを強化するため，パン職人はこの生地を何度もテーブルに叩きつけることがあるが，小麦粉生地はきわめて頑丈であり，生地は膨らみ続ける。また，まとまりが良く，一塊であることも小麦粉生地の特徴である。

---

　*　Hiroyuki YANO　（国研）農業・食品産業技術総合研究機構　食品研究部門
　　　　　　　　　　食品加工・素材研究領域　主席研究員

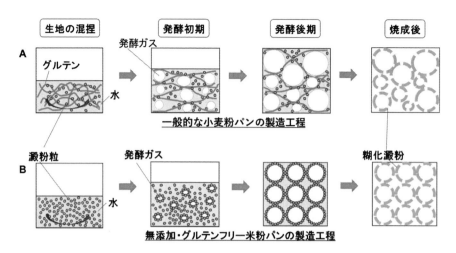

図1 一般的な小麦粉パンと無添加・グルテンフリー米粉パンの製造工程の比較[3]

3 無添加・グルテンフリーでパンをつくる

　小麦粉を使用せず，米粉を主原料にパンをつくるのは容易ではない。グリアジンやグルテニンを含まない米粉生地では発酵ガスを閉じ込めるグルテンのネットワークが生じないからである。そこで，米粉生地にグルテンの代わりになるカルボキシメチルセルロース（CMC）やヒドロキシプロピルメチルセルロース（HPMC），グアーガムなどの増粘剤が添加されることが多い[4]。私たちは増粘剤を使用せず，無添加・グルテンフリーで米粉パンをつくることができないか検討した。数百個に及ぶ試行錯誤の結果，米粉・水・ドライイースト・砂糖・食塩・油脂だけで再現性良くパンをつくることができるようになった[5]。

　この無添加・グルテンフリー米粉パンは一般的な小麦粉パンと同等の膨らみやふっくらした柔らかさをもつが，撹拌，発酵などの製造過程における生地の性状は小麦粉パンの場合と明確な違いがあった（図2A, B）。たとえば，米粉に水を添加して混捏しても，小麦粉パンにみられた粘弾性の高い生地は生じなかった。天婦羅粉に水を加えて混ぜたときのようなさらさらの生地であった（図2左A）。また，発酵生地は，卵白に砂糖を加えて泡立てたメレンゲのように柔らかく，スコップで部分的にすくい取ることができた（同B）。小麦粉の発酵生地は，ねっとりして一塊につながっており（図2右A），生地全体をスコップで持ち上げることができる（同B）。

第14章　グルテンフリー米粉パンの開発：生地の膨化メカニズムとしてのピッカリング安定化

図2　無添加・グルテンフリー米粉パン（左）と一般的な小麦粉パン（右）との比較[3]

4　メカニズムに関する考察

この生地が微粒子型フォーム（ピッカリングフォーム）により安定化されるというメカニズム仮説を広島大学・ヴィレヌーヴ真澄美教授との共著論文で提唱した[4]。微小な油が水に分散する一般的なO/Wエマルションでは，界面活性剤が水と油の界面を安定化する（図3A）。同様に，フォームでは微小な気体と水の界面が界面活性剤により安定化される（図3B）。20世紀初頭，微粒子が界面活性剤と同じ働きをする場合があることが明らかになり，これが微粒子型エマルション，微粒子型フォームと呼ばれる（図3C, D）。

米粉は，直径が5 μm程度の多面体構造をもつ「澱粉粒」がぎっしり詰まった米粒を粉砕してできたものである。無添加・グルテンフリー米粉パンの場合には，澱粉粒が微粒子型フォームの原理で発酵ガスを閉じ込め，シャボン玉の集合体のように発酵生地が膨らむと推測される。実際，Nativeな澱粉粒が微粒子型エマルションを安定化させること，特に米澱粉粒は優れた乳化剤として機能することが報告されている[6,7]。スライドガラスとカバーガラスに挟まれたプレパラート内の狭い空間で発酵させた無添加・グルテンフリー生地を光学顕微鏡で観察すると，発酵ガスのまわりを澱粉粒が取り囲む様子が観察された（図4）。

無添加・グルテンフリー米粉パンの製造工程を図1Bに追記し，一般的な小麦粉パンの場合（同A）と比較した。発酵初期ではイーストが産生した発酵ガスを澱粉粒が取り囲み，小さなシャボン玉が多数生じる。発酵後期ではそれぞれのシャボン玉が大きく膨らみ，発酵生地全体を持ち上げる。これを焼成すると，澱粉は糊化して固まり，パンの骨格が維持される。グルテンのネットワークが風船のように発酵ガスを閉じ込める一般的な小麦粉のパンでは，気泡の大きさは

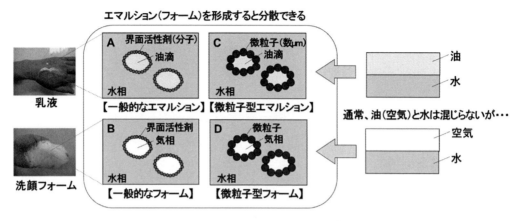

図3　微粒子型フォームについて[3]

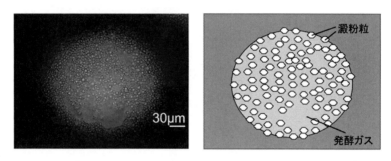

図4　発酵中の米粉生地の光学顕微鏡観察（左，写真；右，説明図）[4]

大・小まちまちである。一方，グルテンも増粘剤も含まず，シャボン玉のようなこわれやすい微粒子型フォームの発酵生地では，気泡の大きさが小さく均一であることが，その安定性に寄与する。両者のパン断面を比較してみよう（図2C）。無添加・グルテンフリーパンは小さくて均一な気泡で構成されている（同左）。小麦粉パンの気泡が不ぞろいの大きさをもつ（同右）のと対照的である。

5　無添加・グルテンフリーパンの製造に適した米粉

無添加・グルテンフリーパンの原料を検討する過程で，市販される様々な米粉を試した。その結果，本法に適した米粉があることがわかった。図5は横軸にそれぞれの米粉の澱粉損傷度，縦軸にパンの比容積を示したものである。比容積は1gのパンがどのくらいの体積（cm^3）をもつか，言い換えると，パンの膨らみの大きさを示す指標である。澱粉損傷度が5.0%以下の場合，比容積が4 cm^3/g以上になり，一般的な小麦粉パンに匹敵する膨らみをもつことが明らかになった。

第14章　グルテンフリー米粉パンの開発：生地の膨化メカニズムとしてのピッカリング安定化

　澱粉損傷度は米粉に含まれる澱粉の"傷み具合"を示す指標となる。実は，米粉はその製法によって澱粉の傷み具合が異なる。一般的に米粉はジェットミル（気流粉砕）法で製造される場合が多い。ジェットミルではノズルから噴出される気流のなかで米粒同士を激しくぶつけ合う（図6A）。米粒は粉砕されて欠片を生じ，その欠片同士がさらにぶつかりあうことで粉状になる。米粒は多面体構造をもつ澱粉粒で構成される（図6B左）が，ぶつかり合った際の衝撃や摩擦熱によって損傷を受ける（同右）。この度合いが澱粉損傷度である。気流粉砕にかける前の米粉を湿らせておく「湿式」気流粉砕では，米粉が水を含んでおり砕けやすいこと，また，摩擦熱が生じても気化熱が奪われるため，温度上昇が抑制されることから「乾式」と比較して澱粉損傷度が低い。併せて，ミズホチカラなど，製粉時に砕けやすい性質をもつため澱粉の損傷が抑えられる米品種も開発されている[8]。澱粉損傷度が低い米粉を使用して作製した生地では，発酵によりパンケースいっぱいまで生地が膨らみ，その後の焼成でも膨らみが保持される（図6C，D左）。一方，澱粉損傷度の高い米粉を使用した生地では，発酵の際に生地の膨らみが悪く，焼成してもそのまま固まってしまう場合が多い（同右）。

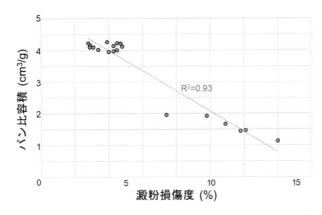

図5　澱粉損傷度（%）の異なる米粉で作製したパンの比容積（cm³/g）[4]

図6　米粉の澱粉損傷とパン[3]

発酵中の生地を電子顕微鏡で観察すると，澱粉損傷度の低い米粉生地（図7A左）では，砂（澱粉粒）に球体を押し当てたような"クレーター"状のくぼみが散見される（図7B左，×25）。これは，球形の気泡を澱粉粒が取り囲んでいたことを示唆する。粒子が泡の表面に吸着することで泡を安定化させているのだ。倍率を拡大すると気泡を安定化させていたのは多面体構造が維持された損傷度の低い澱粉粒であることがわかる（同，×5,000）。一方，損傷度が高い場合の米粉生地（図7A右）は，球面が不明瞭で穴があいたような構造になっている（図7B右，×25）。倍率を拡大すると多面体構造が崩れた，損傷度の高い澱粉粒が観察される。損傷した澱粉粒は気泡をうまく保持できなかったため，気泡同士がつながってしまったと推察される。気泡同士が合体すると膨らみを維持できず，やがて生地全体が崩落する。

　米粉の澱粉損傷度は，その吸水率と正の相関関係にある。図5で，損傷度が5％以下の米粉が無添加・グルテンフリーパンの製造に適していることが示されたが，澱粉粒が常に水と接する発酵生地においては澱粉粒が徐々に吸水することは否めない。ピッカリング粒子が気泡と水の界面を安定化するためには，その親水性/疎水性の比率が重要である。発酵の過程で粒子が徐々に吸水するとそのバランスが崩れることが推察される。今回のパンでは全製造工程が2時間程度であり，そのうち米粉が水に接する撹拌・発酵時間は合計で1時間を少し超える程度である。この期間でも澱粉粒は徐々に吸水するが，それによって界面の安定性が影響を受ける前に，発酵生地が焼成され澱粉が糊化されると考えられる。このため，微粒子型エマルション/フォームを食

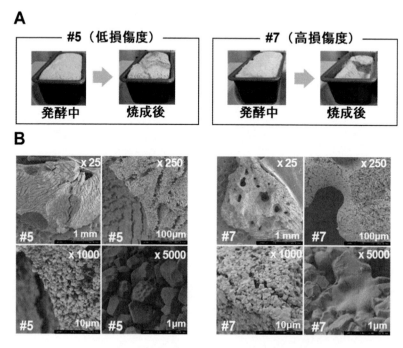

図7　米粉の澱粉損傷と発酵生地の電子顕微鏡観察[4]

第14章　グルテンフリー米粉パンの開発：生地の膨化メカニズムとしてのピッカリング安定化

品加工に利用する際には，素材の性質や製造工程がその安定性に与える影響を十分に検討する必要がある。

6　無添加・グルテンフリーパンの製品化

　微粒子型エマルションの原理で膨らむグルテンフリーパンは小麦アレルギー患者の方に受け入れてもらえるだろうか？タイガー魔法瓶㈱と共同でこのパンを家庭で簡単に作ることができるホームベーカリーKBD-X100を開発，2017年9月の上市以降5年間販売された。Amazonなどのサイトで公開されているカスタマーレビューには，小麦アレルギー患者やそのご家族の方からの「美味しい米粉パンが簡単に焼けます」などのコメントが数多く掲載されている。また同機は，第13回キッズデザイン賞「少子化対策担当大臣賞」を受賞し，審査委員からは，「小麦アレルギーの子どもも安心して食べられる。米粉パンが手に入らない災害時などの備えとしても心強い。」と評価いただいた。2019年12月には，特許技術[5]を提供した㈱ナチュラルフードから「和田のこめ食ぱん」が上市された。通常，グルテンフリーパンは冷凍状態で流通する場合が多いが，本製品は常温で販売されている。スライスしたものをオーブントースターで焼き色が付くまでしっかり焼くことがコツで，「表面，サクッ！！中，ほんわり」，「まさに小麦のパンのトースト」など，グルテンフリーを専門とするパン職人の方からも肯定的なお言葉を頂戴した。今後も小麦アレルギー患者やセリアック病の方をはじめ，多くの方に喜ばれる美味しいパンを目指して実用化研究を続けたい。

　食品素材を利用した微粒子型エマルションは今後も様々な新規食品への応用が期待される。特に低コストで利用できる澱粉粒は最も注目される素材のひとつである[9]。一方，生体由来の原料は複雑な成分組成や微細構造をもつため，製造工程の中でいかにエマルション／フォームを安定化させるかが実用化への鍵になるであろう。

文　　　献

1)　沖浦智紀，日本調理科学会誌，**57**, 183（2024）
2)　末松広行，日本の食料安全保障-食料安保政策の中心にいた元事務次官が伝えたいこと，育鵬社（2023）
3)　矢野裕之，農研機構技報，**8**, 6（2021）
4)　H. Yano *et al., LWT*, **79**, 632（2017）
5)　矢野裕之，特許 6584185（2015）
6)　C. Li *et al., Colloids and Surfaces A: Physicochemical and Engineering Aspects*, **431**, 142（2013）

7) B. Chen *et al.*, *Colloids and Surfaces A: Physicochemical and Engineering Aspects*, **561**, 155 (2019)
8) 佐藤宏之ほか，農研機構研究報告 九州沖縄農業研究センター，**66**, 47 (2017)
9) Mahfouzi *et al.*, *Critical Reviews in Food Science and Nutrition*, 1 (2024)

第15章 超臨界二酸化炭素を用いた ピッカリングエマルション技術

シャーミン・タンジナ[*1], 大内幹雄[*2], 三島健司[*3]

概要

高圧力装置で, 超臨界二酸化炭素を用いて, 有機溶剤を用いずにピッカリングエマルションを形成する技術について解説する。ピッカリングエマルションの形成に重要な微粒子の表面改質について, 天然高分子であるセルロースなどの多糖類やそのナノファイバーの利用についても解説する。

1 はじめに

有害な界面活性剤や有機溶剤を使用しない低環境負荷型の技術として, ピッカリングエマルションや超臨界流体技術が, 食品, 医薬品, 化粧品, 化学工業品など様々な製品の生産技術として注目されている[1]。ここでは, 超臨界二酸化炭素を用いたピッカリングエマルション技術についてわかりやすく説明する。

持続可能な社会の構築には, 有害な界面活性剤や有機溶剤を安全な代替物質で置き換える技術の開発が望まれている。石油や石炭などの化石資源の大量燃焼にともなう大気中の二酸化炭素濃度の増加が, 気候変動の大きな要因である。そこで, 二酸化炭素を化学品に変える人工光合成, 二酸化炭素回収・貯留 (Carbon dioxide Capture and Storage：CCS), 分離・貯留した CO_2 を利用する (Carbon dioxide Capture, Utilization and Storage：CCUS) などが注目され多くの研究が行われている。実際のプロセスでは, 二酸化炭素の付加価値を高めて回収率を高めようとする動きもある。二酸化炭素を用いた超臨界流体プロセスは, 天然物の抽出などの分野で既に広く実用化されている[2]。

2 超臨界流体

従来の製造分野では, トルエンなどの有害な有機溶媒や界面活性剤を用いる場合が多く, 生成

---

*1 Tanjina SHARMIN 福岡大学 工学部 化学システム工学科 助教, 薬学博士
*2 Mikio OUCHI 福岡大学 工学部 化学システム工学科 客員教授, 工学博士
*3 Kenji MISHIMA 福岡大学 工学部 化学システム工学科 教授, 工学博士

した製品中に残留する有機溶媒や界面活性剤の人体への悪影響が懸念された。環境への負荷の少ない製造技術が望まれ，より環境にやさしく高機能なものを製造する技術の開発が望まれる[3]。そこで，溶媒として人体に対してほとんど悪影響を及ぼさない二酸化炭素や水を圧力操作により機能性溶媒として利用する超臨界流体技術の応用が注目されている。超臨界流体は，物質固有の臨界点を超えた流体のことであり，いくら圧力を加えても液化しない非凝縮性の気体である。臨界点付近の超臨界流体の密度は，気体よりも液体密度に類似するが，粘度は通常の気体の数倍程度で，液体ほど大きくない。拡散係数は液体の100倍程度大きくなる。つまり，超臨界流体は，密度では液体に類似した性質を有するが，気体分子程度の速度で運動しており大きい運動エネルギーを有している。

　二酸化炭素の臨界温度が304.2 Kと常温近傍であるので，二酸化炭素を用いた超臨界流体プロセスは，天然物からの有用物質の抽出や合成媒体として利用されることが多い。また，二酸化炭素の毒性が他の有機溶媒に比べて低いことから，薬剤，食品などへの応用も検討されている。図1に超臨界二酸化炭素を用いた天然物からの有用物質の抽出プロセスの原理を示す。(a)に示す超臨界流体抽出プロセスでは，抽出器内に天然物のコーヒー豆や茶葉を仕込み，高圧（8 MPa程度）の二酸化炭素を抽出溶媒として注入し，天然物中のカフェインなどの有効成分を超臨界二酸化炭素中に抽出する。(b)に示すようにカフェインなどの有効成分の超臨界二酸化炭素に対する溶解度は，臨界点近傍のある圧力で急激に増加する。これは，(c)溶解挙動に示すようにコーヒー豆などの固体中に超臨界二酸化炭素が侵入し，カフェインなどの有効成分の分子の周りを取り囲むことで，ガスである超臨界二酸化炭素にカフェインなどの有効成分が溶解するためである。溶解したカフェイン分子は，二酸化炭素とともに圧力弁を通して，下流の分離器へ流れる。

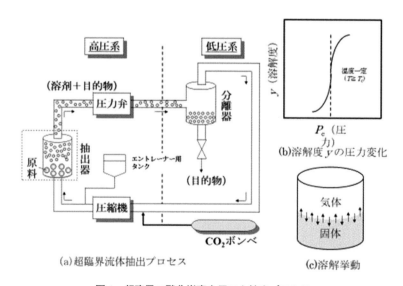

図1　超臨界二酸化炭素を用いた抽出プロセス

第 15 章　超臨界二酸化炭素を用いたピッカリングエマルション技術

圧力弁では，二酸化炭素の圧力が減少し，大気圧に近づく。(b)に示すようにその低い圧力で，溶解度は，急激に減少し，二酸化炭素に溶解していたカフェインなどの目的物質が，分離器内に固体として析出する。この抽出プロセスで，カフェインの取り除かれたコーヒー豆が抽出器内に，コーヒー豆から抽出されたカフェインが分離器内に回収される。両物質ともトルエンなどの有害な有機溶媒と接触していないので，残留有機溶媒の心配がなく，食品，医薬品原料などとして利用可能である。

　超臨界二酸化炭素に染料や金属錯体を溶解する方法も提案されており，繊維や高分子素材などの微細構造を有する物質に，染料や金属錯体を含浸・分散させる超臨界流体染色や，無機-有機ナノ複合材料の開発も検討されている。超臨界二酸化炭素染色では，400 リットルの高圧染色槽を有する実用機が完成している。

3　超臨界二酸化炭素-水系でのピッカリングエマルション

　図 2 に示すように，親水性と疎水性の両親媒性表面を持つ固体微粒子を用いて，ピッカリングエマルションが形成される。一般的に(a)に示すように油相と水相の二相分離系にそれら微粒子を導入することで，界面活性剤を用いずにピッカリングエマルションを形成できる。しかし，食品や香粧品にこれらを適用する場合，残留有機溶媒が問題になる。図 2 の(b)に示す超臨界二酸化炭素相と水相からなる二相系では，残留有機溶媒の心配のないピッカリングエマルションを形成できる。三島らは，超臨界二酸化炭素-水の相分離系を利用して，リポソームの製造，高濃度ウルトラファインバブルの製造の可能性を示している[4]。油相の代わりに超臨界二酸化炭素相を用いるこの方法では，有機溶剤の回収が不要であり，生成物と二酸化炭素の分離が容易であるメリットがある。

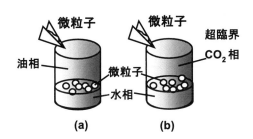

図 2　油相-水相と超臨界二酸化炭素相-水相を用いるピッカリングエマルション

4　ピッカリングエマルションと粒子表面改質

　親水性と疎水性を持つ両親媒性の固体微粒子は，水相と油相の界面にて吸着しエマルションを安定化し，ピッカリングエマルションを形成する。ピッカリングエマルションの技術は，固体微

粒子を利用して界面活性剤フリー（未使用）のファンデーションなどの開発に化粧品業界で応用されている。脱石油の社会的圧力の強い化粧品業界では，界面活性剤以外にも石油由来の化学品を天然物で置き換える研究が数多くなされている。ピッカリングエマルションには，微粒子の表面特性改質が可能な天然物が重要となる。天然物として．キチン，キトサン，ヒアルロン酸，セルロースなどの多糖類が有望視されている。中でもセルロースは，一般に紙として広く利用されており，安全性が社会的に認知されており，大気中の二酸化炭素を植物が吸収して生成しているため，カーボンニュートラルな資源と考えられる。大気中の温室効果ガスである二酸化炭素を吸収して成長した植物に由来するセルロースを原料として利用しても，温室効果ガスを増やすことにはならない。また，海洋マイクロプラスチックごみ汚染が問題視されており，海洋生分解性を証明する国際認証として，「OK biodegradable MARINE」などの国際認証を素材に求める企業も増えていることから，それらの認証条件を満足するセルロースなども開発されている。セルロース産業は成熟した産業であり，世界のセルロース市場規模は2018年に約2,200億米ドルで，2026年までに3,000億米ドルに達する。大手の製紙会社では，種々の製品が実用化され，大型の大量生産装置が稼働し，高機能の種々のセルロース製品も開発されている。中でも高い機能性を有するセルロースナノファイバー（Cellulose nanofiber：CNF）は，鋼鉄よりも軽量で，強度ではその数倍の素材も作れることなど様々な長所を有することから，多くの分野でその応用が期待されている[5,6]。工業的原料として，木材からリグニンなどの構造物質を除去した化学パルプの利用が主流であり，工業生産として十分な量のCNFの供給が可能となっている。CNFの軽量・高強度の特性を活かした他の素材との複合化技術の開発が望まれている[5,6]。しかし，ナノの大きさでのCNF材料の特性を活かした機能性マイクロ・ナノ粒子の開発は，その形態制御の困難さから開発が遅れているのが現状である。

5 ナノ・マイクロ無機粒子と合成高分子の複合化

　無機系ナノ粒子量産技術も開発されつつあり，量産可能な有機系高分子との複合化技術の開発が望まれている。しかし，数nmオーダーの物質は比表面積（単位質量あたり表面積）が大きく，凝集しやすい性質があり，ハンドリングが容易ではない。そこで，数μm程度の無機粒子を数nm程度の有機系高分子でコーティングすることで，複合材料として高機能性を付与することも可能である[7~10,12~16]。直径10μm程度の無機材料である平板状タルク粒子は，すべり性がよくファンデーション素材として広く利用されている。この平板状の粒子の周りを粒子径が数nmのフッ素系有機高分子で均一にコーティングする必要があった。従来，液体有機溶媒を用いて被覆材である高分子を溶解し，その液体溶媒を蒸発除去することで高分子コーティングを無機粒子に施していた。この場合，液体有機溶媒を蒸発除去する際に，液体溶媒の界面張力によりナノサイズの有機高分子が気液界面で凝集してしまい，均一に分散した有機高分子被覆が困難であった。そこで我々は，液体有機溶媒にかえて，ガスである超臨界二酸化炭素を用いる超臨界二酸化

第15章 超臨界二酸化炭素を用いたピッカリングエマルション技術

炭素コーティング法を開発した[12~16)]。高密度ガスである二酸化炭素を用いた場合，気液界面を生じないため，ナノ粒子の凝集を防ぐ被覆操作が可能となった。ナノ状態の有機高分子を均一に分散するためには，分散媒体として高密度の二酸化炭素を用いることが有効であることが示された。

6 マイクロ・ナノ無機粒子とCNFの複合化

CNFをマイクロ・ナノメートルサイズの無機微粒子と複合化する場合，1) CNFの解繊度，2) CNFの親水性が大きな問題となる。CNFの解繊度が低く，繊維が十分細くない場合，無機微粒子とCNFの表面の接触点数が小さく複合化が困難となる（図3）。湿式機械処理法や水中対向衝突法では，低コストでCNFを量産することが可能であるが，マイクロ・ナノメートルサイズの無機微粒子と複合化する場合には，そのCNFの解繊度は十分ではない。より高い解繊度を持つためには，磯貝らが開発したTEMPO（2,2,6,6-テトラメチルピペリジン 1-オキシル (2,2,6,6-tetramethylpiperidine 1-oxyl)）触媒酸化処理が有効である[6, 11)]。水中対向衝突法で得られたCNFをさらにTEMPO触媒酸化処理により解繊したものの原子間力顕微鏡（AFM）写真に示す（図4）。TEMPOを次亜塩素酸ナトリウムとともに用いてCNFの1級アルコールをアルデヒドに変え，CNF繊維間の反発により完全に解繊していることがわかる。

マイクロ・ナノメートルサイズの無機微粒子に対してCNFが十分な解繊度を有していても，CNFの親水性を改善しなければ，複合化は困難である。CNFの疎水化には，セルロースの持っている反応性の異なる水酸基を利用して，CNFの化学変性（CNF誘導体の調製）を行うことが有効である。CNF誘導体の調製では，反応性の高い6位の1級水酸基と反応性のやや低い2, 3位の2級水酸基をエステル化，エーテル化することで種々の官能基を導入できる。

十分に解繊し，化学修飾により疎水処理したCNFは，液溶媒の界面張力による凝集の心配のない超臨界二酸化炭素中にて，マイクロ・ナノメートルサイズの無機微粒子と均一な複合化・

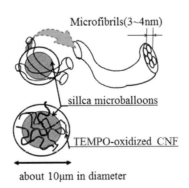

図3 マイクロ・ナノメートルサイズの無機微粒子と複合化する場合のCNFの解繊度の影響

コーティングが可能である。これらは，超臨界二酸化炭素マイクロコーティング装置で可能である（図5）。35℃，10 MPa の温度，圧力条件で超臨界二酸化炭素中にて，直径数 μm で内部が空洞のシリカバルーンの無機微粒子に対して，CNF でマイクロコーティングを行った（図6）。(a)は，コーティング前のシリカバルーンである。針葉樹パルプから水中対向衝突法で調整した CNF でコーティングした(b)では，CNF とシリカバルーンの親和性が不十分になっている。解繊が十分でない CNF をスチレンで化学修飾した(c)では，太い CNF を多く含むため粒子間の癒

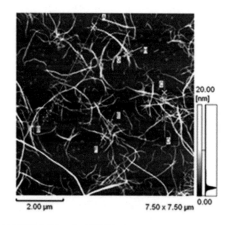

図4　TEMPO 触媒酸化処理により解繊した CNF の原子間力顕微鏡（AFM）写真

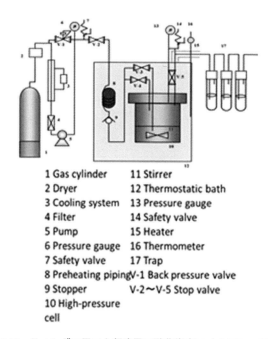

図5　CNF コーティングに用いた超臨界二酸化炭素マイクロコーティング装置

第15章　超臨界二酸化炭素を用いたピッカリングエマルション技術

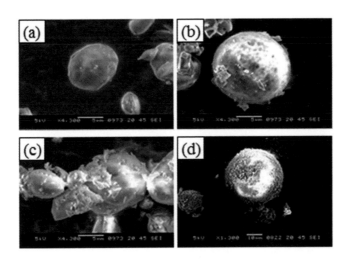

図6　シリカバルーンのCNFマイクロコーティングの結果；(a)コーティング前のシリカバルーン，(b)水中対向衝突法で調整したCNFでコーティングした場合，(c)スチレンで化学修飾した解繊が十分でないCNFでコーティングした場合，(d)TEMPO処理にて十分に解繊したCNFをスチレンで化学修飾した場合

着がみられる。TEMPO処理にて十分に解繊したCNFをスチレンで化学修飾したCNFで超臨界二酸化炭素マイクロコーティングした(d)では，均質なコーティングが実現している。

7　おわりに

　有害な界面活性剤や有機溶剤を安全な代替物質で置き換える技術として，超臨界二酸化炭素とピッカリングエマルションについて解説した。ピッカリングエマルションに用いる機能性微粒子の表面改質に，セルロースなど天然多糖類，そのナノファイバーが有望である。特にセルロースナノファイバー（CNF）は，機械的強度特性の優れた複合材料の素材として，軽量化自動車部品，高性能ゴムなどへの利用研究も進み，多くの知見が蓄積されている。低コストの製造法の確立が求められるそれらの部品としては，高い解繊度のCNFを用いるよりも，湿式機械処理法や水中対向衝突法などで生産される低コストCNFの利用が適当である。しかし，ピッカリングエマルションなどの高機能な特性を求められる機能性マイクロ・ナノ粒子としてCNFを用いるためには，より高い解離性と成形時の界面張力の制御が重要となる。マイクロ・ナノ無機粒子とCNFの複合化に関しては，TEMPO触媒酸化処理等により十分に解繊し，化学修飾により疎水処理したCNFを用いる必要がある。今後，より低コストの製造方法の確立が望まれる。また，マイクロ・ナノサイズで構造を制御する次世代複合材料の製造技術として実績のある超臨界二酸化炭素プロセスは，ピッカリングエマルションに用いる微粒子の製造方法にも適用可能と考えられる。

文　　献

1) 鈴木正浩監修，“低分子ゲル・超分子ゲルの設計開発と応用”，シーエムシー出版（2023）
2) 荒井康彦監修，“超臨界流体のすべて”，テクノシステム（2002）
3) 三島健司，松山清，化学工業，**53**, 822（2002）
4) 三島健司，“高圧力下での超音波照射が開く新技術”，超音波 TECHINO, **33**(5), 35-39（2021）
5) 大嶋正裕，工業材料，**65**(8), 32-36（2017）
6) 磯貝 明 編，セルロースの科学，朝倉書店，2003
7) 三島健司，加工技術，**56**(1), 56-62（2018）
8) 三島健司，ケミカルエンジニヤリング，**60**(5), 56-62（2015）
9) K. Mishima, *Advanced Drug Delivery Reviews*, **60**(3), 411-432（2008）
10) 三島健司ほか，成形加工，**15**(6), 377-383（2003）
11) 磯貝明，高分子，**58**(2), 90（2009）
12) 三島健司，ケミカルエンジニヤリング，**56**(1), 56-62（2011）
13) 三島健司，工業材料，**60**(3), 32-36（2012）
14) 三島健司ら，加工技術，**53**(10), 515-521（2018）
15) 三島健司，ケミカルエンジニヤリング，**63**(10), 736-742（2018）
16) 三島健司ら，月刊せんい，**72**(11), 706-712（2019）

第16章 標的薬物送達のための生分解性ポリマー粒子と酸化鉄磁性ナノ粒子からなるコアシェル複合粒子

岡 智絵美[*1]，北本仁孝[*2]

1 緒言

ドラッグデリバリーシステム（drug delivery system：DDS）は，薬剤を患部に効率的に送達する，あるいは集約させる技術であり，がん治療などに用いられる医療技術である。抗がん剤等の薬が効くのは投薬された薬の分子ががん細胞に作用するためであるが，DDSの技術を用いなければ投与された薬の一部しか腫瘍部位に到達することができず，大部分は体外に排出されたり，正常細胞に作用して副作用の原因となったりする。理想的な投薬方法は薬剤を必要な場所にのみ，必要な量を必要なときに送達することである。すなわち，薬剤の体内動態を空間的に時間的に操作することが，がんの投薬治療におけるDDSの重要な役割である。

空間的制御において重要なのは，薬剤が腫瘍部位に送達され，選択的に集積される，すなわちターゲティングである。血管に薬剤キャリアを注入するタイプのDDSについて考えてみると，がん組織と正常組織とでは，血管・リンパ管系が異なることから，ある特定のサイズの物質ががん組織に集積しやすいことが知られ，Enhanced Permeability and Retention（EPR）効果[1,2]と呼ばれている。がん組織にあるがん新生血管と正常組織とでは，血管壁の細孔径が異なることに起因する。正常組織ではがん新生血管より血管壁の細孔径が小さいため，数10 nmから数100 nmの大きさの薬剤キャリアががん新生血管を透過しがん細胞に集積される。この生体組織の性質を利用したパッシブターゲティングに加えて，化学修飾したキャリアを用いてがん細胞表面のレセプターや抗体と結合しやすくしたり，外部からの物理力を刺激として用いたりするアクティブターゲティングを組み合わせることにより，さらに効率的ながん組織への薬剤集積が可能になる。本稿ではその物理力として磁場を用いて磁性を有する薬剤キャリアを患部に誘導する磁気誘導DDS[3,4]に着目する。

時間的制御は薬剤の移動に関連する面もあるが，ここでは薬剤の放出に着目する。薬剤が誘導・集積された周囲の環境あるいは外部からの刺激に応じて薬剤放出する仕組みとしては，pHや温度に応答して親水性，疎水性等が変化するポリマーをキャリアの材料として用いるDDSが

＊1 Chiemi OKA 名古屋大学 大学院工学研究科 マイクロ・ナノ機械理工学専攻 助教
＊2 Yoshitaka KITAMOTO 東京科学大学 物質理工学院 材料系 教授

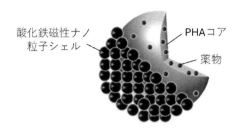

図1 コアシェル型DDSキャリア（コアシェル複合粒子）

報告されている。本稿では長期間にわたる薬剤の放出（徐放）という観点での薬剤キャリアを対象としている。そのためのキャリア材料として生分解性ポリマーを活用することを着想した。用いた生分解性ポリマーはマイクロプラスチック問題を解決すると期待されているポリヒドロキシアルカン酸（PHA）である[5,6]。PHAは微生物によって生合成され，酵素によって生分解されるという性質を有する。この生分解とともに薬剤の徐放を実現するとともに最終的にはDDSキャリアを構成する材料のすべてが分解されて体内に残らないというメリットも提供される。

そこで本研究では，磁気誘導DDSのために酸化鉄磁性ナノ粒子と生分解による徐放のためにPHAを複合化したコアシェル型DDSキャリアを開発することを目的とした（図1）。PHAは疎水性であることから，ピッカリングエマルション形成とエマルション溶媒拡散法を組み合わせた新規コアシェル複合粒子作製方法を考案した。ここでは，PHAと酸化鉄磁性ナノ粒子からなるコアシェル複合粒子作製を実施し，酸化鉄磁性ナノ粒子分散剤濃度，酸化鉄磁性ナノ粒子濃度がコアシェル複合粒子の構造に及ぼす影響を調査した結果，および薬物キャリアへの応用に向け，薬物モデルを搭載したコアシェル複合粒子作製とポリマーコアの分解による薬剤モデルの放出実験を実施した結果を示す。

2　コアシェル複合粒子作製方法

まず，ピッカリングエマルション形成とエマルション溶媒拡散法を組み合わせたコアシェル複合粒子作製方法について説明する。エマルション溶媒拡散法は，ナノ・マイクロサイズの疎水性ポリマー粒子作製によく用いられている方法であり，エマルション形成と油滴内でのポリマー析出という2段階の過程を経てポリマー粒子が形成される[7〜9]。ポリマーをクロロホルムやアセトンなどの揮発性の良溶媒に溶かしたのち，撹拌または超音波処理下で水（貧溶媒）に滴下すると，O/W型エマルションが形成される。このエマルションを放置すると，揮発性良溶媒の拡散と蒸発が徐々に進行し，油滴が縮小していき，油滴内のポリマー濃度が上昇していく。これにより，油滴内でポリマーの析出が起こり，ポリマー粒子が形成される。

エマルション溶媒拡散法では，エマルションの安定性を向上させるために，通常，ポリビニルアルコール（PVA）などの界面活性剤が使用される。この界面活性剤は油滴の表面に付着し，

第16章 標的薬物送達のための生分解性ポリマー粒子と酸化鉄磁性ナノ粒子からなるコアシェル複合粒子

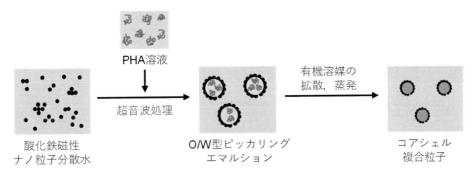

図2 コアシェル複合粒子作製方法

最終的にポリマー粒子の表面に残ることが知られている[7,10,11]。つまり，ポリマー粒子と界面活性剤のコアシェル構造が形成されていると言える。このことから，固体粒子を界面活性剤として機能させるピッカリングエマルションを形成させたのち，溶媒拡散法によりポリマー粒子を形成させれば，ポリマー粒子と固体粒子からなるコアシェル複合粒子が得られると考えた。

ポリマーとしてPHAの1種であるポリ(3-ヒドロキシ酪酸-co-3-ヒドロキシ吉草酸)(PHB-co-HV)を用い，固体粒子として酸化鉄磁性ナノ粒子を用いたときの，コアシェル複合粒子作製の流れを図2に示す。まず，分散剤としてポリビニルピロリドン（PVP）を添加した酸化鉄磁性ナノ粒子分散液とPHAジクロロメタンまたはクロロホルム溶液を調製する。この酸化鉄磁性ナノ粒子分散液にPHA溶液を超音波処理下で滴下すると，酸化鉄磁性ナノ粒子で安定化されたO/W型のピッカリングエマルションが形成される。その後，ジクロロメタンまたはクロロホルムの水相への移動と蒸発が進行するにつれて，ジクロロメタンまたはクロロホルム滴内でのPHAの析出が起き，PHA粒子が形成される。これにより，酸化鉄磁性ナノ粒子が表面に付着した，PHAと酸化鉄磁性ナノ粒子からなるコアシェル複合粒子が形成される[12]。

このコアシェル複合粒子作製方法において，酸化鉄磁性ナノ粒子の分散剤として添加しているPVPの濃度，および，酸化鉄磁性ナノ粒子濃度がコアシェル複合粒子構造に及ぼす影響を調査した。

3 酸化鉄磁性ナノ粒子分散剤濃度の影響[12]

水酸化ナトリウム水溶液と塩化鉄水溶液を用いた共沈法で合成した酸化鉄磁性ナノ粒子（粒子径7-20 nm）を，0，0.5，3 wt%のPVP（Mw = 25,000）水溶液に添加し，酸化鉄磁性ナノ粒子の分散剤であるPVP濃度の異なる酸化鉄磁性ナノ粒子分散液を調製した。この酸化鉄磁性ナノ粒子分散液にPHAジクロロメタン溶液を超音波処理下で滴下し，ピッカリングエマルションを形成させた。その後，室温で3時間撹拌を続け，PHAと酸化鉄磁性ナノ粒子からなるコアシェル複合粒子を作製した。

ピッカリングエマルション技術における課題と応用

得られたコアシェル複合粒子のSEM画像を図3に示す。SEM観察は，観察試料にオスミウムコーティングを施したのちに実施した。SEM画像から，酸化鉄磁性ナノ粒子の分散剤であるPVPを含んでいない0 wt% PVP水溶液を用いた条件でも，表面に酸化鉄磁性ナノ粒子の存在する球状複合粒子が形成されていることがわかる（図3(a)）。このことは，酸化鉄磁性ナノ粒子がO/W型エマルションの界面活性剤として機能し，ピッカリングエマルションが形成されたことを示している。これにより，酸化鉄磁性ナノ粒子が界面に吸着したジクロロメタン滴が形成され，その後のジクロロメタンの拡散と蒸発の進行にともなうPHA粒子形成により，酸化鉄磁性ナノ粒子が表面に付着したPHA粒子が形成されたと考えられる。

分散剤のPVPを使用しなくてもPHAと酸化鉄磁性ナノ粒子のコアシェル複合粒子は得られるが，SEM画像からわかる通り，コアシェル複合粒子中の酸化鉄磁性ナノ粒子は凝集，積層構造を有しており，得られるコアシェル複合粒子径も非常に多分散であることがわかっている。このことは酸化鉄磁性ナノ粒子が分散液中で様々な径の凝集体を形成していることに起因すると考えらえる。したがって，この問題を解決するために，酸化鉄磁性ナノ粒子の分散剤を使用することを考えた。

図3(b), (c)は，0.5 wt% PVP水溶液および3 wt% PVP水溶液を用いてコアシェル複合粒子作製を実施したときの結果を示している。3 wt% PVP水溶液を用いた場合に得られた複合粒子では，酸化鉄磁性ナノ粒子の上をPHAが覆っているような，表面に磁性ナノ粒子が露出していないと思われる構造が観察された。また，複合粒子同士が連結した構造も低倍率のSEM観察で多く見られた[12]。酸化鉄磁性ナノ粒子の分散剤として用いたPVPは，ナノ粒子の分散剤として一般的に用いられる界面活性剤であるが，多様な溶媒に溶解しやすく，水にもジクロロメタンにも可溶な物質である。したがって，過剰なPVPの使用により，PVPに厚く覆われた酸化鉄磁性ナノ粒子がジクロロメタン滴内部へ侵入し，酸化鉄磁性ナノ粒子が最表面に存在しない複合粒子が形成されたと考えられる。また，PHA析出過程におけるジクロロメタン滴の合一化に起因すると考えられる，複合粒子同士の連結構造形成も多く観察された[12]。

一方で，0.5 wt% PVP水溶液を用いた場合では，酸化鉄磁性ナノ粒子が単層で複合粒子表面に存在しているようなコアシェル複合粒子が得られた。これは，PVPの添加により酸化鉄磁性

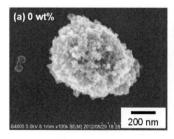 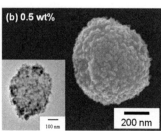 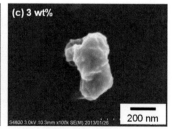

図3 PVP水溶液濃度を変えて作製したコアシェル複合粒子のSEM画像とTEM画像：
(a) 0 wt%, (b) 0.5 wt%, (c) 3 wt%

第16章　標的薬物送達のための生分解性ポリマー粒子と酸化鉄磁性ナノ粒子からなるコアシェル複合粒子

ナノ粒子の分散性が向上した結果であると考えられる。過剰な PVP の添加は，磁性ナノ粒子の PHA 粒子内部への侵入や複合粒子同士の連結を引き起こしたが，少量の PVP 添加は酸化鉄磁性ナノ粒子の分散性向上にのみ寄与したと考えられる。酸化鉄磁性ナノ粒子の分散性が向上したことで，ジクロロメタン滴界面に吸着可能な酸化鉄磁性ナノ粒子数が増加し，より安定な小さいジクロロメタン滴が形成されたと推測される。

　図3(b)の挿入画像は得られたコアシェル複合粒子の TEM 画像を示している。単層に近い酸化鉄磁性ナノ粒子のシェル構造を有する，PHA と酸化鉄磁性ナノ粒子からなるコアシェル複合粒子が形成されていることがわかる。

　0.5 wt％ PVP 水溶液を用いることで酸化鉄磁性ナノ粒子の分散性が向上することは，動的光散乱法を用いた流体力学的径測定および粒子分散液の透明性向上から確認できており，流体力学的径の平均径が 176 nm から 87 nm に減少することがわかっている[12]。

4　酸化鉄磁性ナノ粒子濃度の影響[13]

　エマルションの形成において，界面活性剤の濃度は重要である。図2に示したコアシェル複合粒子作製方法では，一般的な界面活性剤である PVP だけでなく，酸化鉄磁性ナノ粒子も界面活性剤として機能し，ピッカリングエマルションを形成している。このことから，このコアシェル複合粒子作製において，酸化鉄磁性ナノ粒子濃度はエマルション形成，および得られる複合粒子構造に大きく影響すると予想できる。そこで，酸化鉄磁性ナノ粒子濃度の影響を調査した。

　ここでは，PHA の良溶媒としてジクロロメタンではなくクロロホルムを用いコアシェル複合粒子作製を実施した。PHA の溶媒としてはジクロロメタンよりもクロロホルムの方が優れている。PVP 水溶液の濃度は 0.5 wt％ であり，用いた酸化鉄磁性ナノ粒子の平均粒子径は 8 nm である。0.09，0.17，0.22 mg/mL の酸化鉄磁性ナノ粒子分散液を調製しコアシェル複合粒子作製に用いた。ピッカリングエマルション形成時のクロロホルム分率は 0.016 である。

　図4に想定されるコアシェル複合粒子形成過程の模式図および得られたコアシェル複合粒子の SEM 画像を示す。SEM 画像から，酸化鉄磁性ナノ粒子濃度の低い 0.09 mg/mL の条件では，複数の複合粒子が融着したような，複合粒子の結合構造が得られ，磁性ナノ粒子濃度を少し増加させた 0.17 mg/mL では孤立したコアシェル複合粒子が得られていることがわかる。しかし，酸化鉄磁性ナノ粒子濃度をさらに増加させた 0.22 mg/mL の条件では，コアシェル複合粒子径の粗大化と凝集が再度起こっている。

　PHA と酸化鉄磁性ナノ粒子からなるコアシェル複合粒子は，酸化鉄磁性ナノ粒子で安定化されたピッカリングエマルション形成を経て作製される。つまり，ピッカリングエマルション形成時のエマルション滴の安定性，大きさがそのままコアシェル複合粒子の構造に繋がっている。エマルション滴の合一化の抑制された安定なエマルション形成は凝集の少ない分散したコアシェル複合粒子形成をもたらし，小さなエマルション滴形成は小さなコアシェル複合粒子形成につながる。

139

ピッカリングエマルション技術における課題と応用

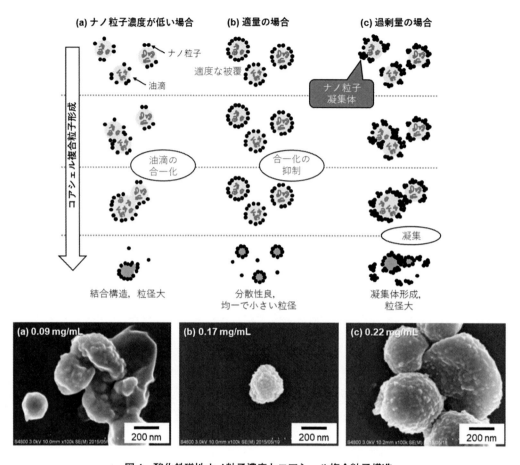

図4　酸化鉄磁性ナノ粒子濃度とコアシェル複合粒子構造

　図4に示したのは，酸化鉄磁性ナノ粒子濃度，ピッカリングエマルション形成状態，および，得られるコアシェル複合粒子の関係の想定図である。酸化鉄磁性ナノ粒子濃度が適量であるときは，エマルション滴はよく分散した酸化鉄磁性ナノ粒子に適度に覆われ，合一化の抑制される安定なエマルション滴が形成されると考えられる。これにより，コアシェル複合粒子形成過程における合一化が生じず，分散性，サイズ均一性に優れた小さいコアシェル複合粒子が形成される。酸化鉄磁性ナノ粒子の濃度が低い条件では，エマルション滴の界面に吸着する酸化鉄磁性ナノ粒子の数が少なく，酸化鉄磁性ナノ粒子に十分に覆われていないエマルション滴が形成される。これにより，コアシェル複合粒子形成過程でエマルション滴の合一化が生じ，複数の複合粒子が融着したような結合構造が観察されたと考えらえる。

　酸化鉄磁性ナノ粒子が過剰な条件では，酸化鉄磁性ナノ粒子の凝集が問題となっていると予想される。酸化鉄磁性ナノ粒子は分散液中で自然に凝集体を形成しており，その凝集体径は酸化鉄磁性ナノ粒子濃度増加に伴い増加する[14]。この凝集体形成により，酸化鉄磁性ナノ粒子濃度が過

第16章 標的薬物送達のための生分解性ポリマー粒子と酸化鉄磁性ナノ粒子からなるコアシェル複合粒子

剰な条件では，酸化鉄磁性ナノ粒子の凝集体がエマルション滴表面に吸着し，エマルション滴の粗大化と凝集をもたらしたと考えらえる。

このことから，ピッカリングエマルション形成とエマルション溶媒拡散法を利用したコアシェル複合粒子作製では，ほかのエマルション形成と同様に，界面活性剤として機能する，固体ナノ粒子分散剤および固体ナノ粒子濃度の最適化が必要である。

5　薬物モデル搭載コアシェル複合粒子作製

これまで示してきたPHAと酸化鉄磁性ナノ粒子からなるコアシェル複合粒子は，磁気誘導DDSの薬物キャリアとして設計されたものである。PHAが生分解性ポリマーであることから，PHAコアに薬物を搭載すれば，PHAの生分解に伴う徐放性薬物放出が利用できる。ここでは，その薬物搭載の検討として，薬物モデル搭載コアシェル複合粒子を作製した結果を示す。

薬物をPHAコアに搭載する場合は，PHAクロロホルム溶液に薬物を混合し，コアシェル複合粒子を作製すればよい（図2）。したがって，搭載する薬物は現状，疎水性の薬物に限定される。PHAクロロホルム溶液に薬物を混合した場合，ピッカリングエマルション形成でPHAと薬物を含むクロロホルム滴が形成され，その後，PHA粒子形成に伴い薬物はPHA内部に内包される。

図5に，疎水性の抗がん剤のモデルとしてローダミンBイソチオシアネート（RBITC）を用いて作製したコアシェル複合粒子のSEM画像，TEM画像を示す。また，図6にその蛍光観察画像を示す。SEM画像とTEM画像から，粒子径の多分散性の増加は観察されるが，薬物モデルをPHAクロロホルム溶液に添加しても，PHAと酸化鉄磁性ナノ粒子からなるコアシェル複合粒子が得られていることがわかる。また，コアシェル複合粒子分散液の蛍光観察画像において，RBITCとPHAからの蛍光が同一箇所で観察されたことから，RBITCの搭載が確認できた。蛍光観察では，ナイルブルーAを用いたPHAの染色を実施している。

生理食塩水中での薬物放出挙動を3日間観察した実験では，RBITC搭載コアシェル複合粒子からのRBITC放出量は時間経過とともに線形的に増加していき，3日間で約12％のRBITCが

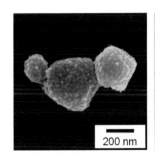
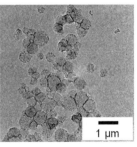

図5　RBITC搭載コアシェル複合粒子のSEM画像とTEM画像

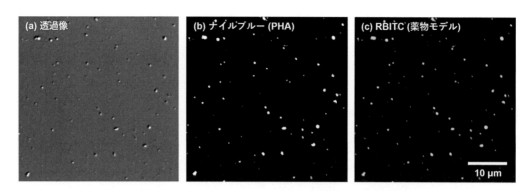

図6　RBITC搭載コアシェル複合粒子分散液の透過像と蛍光画像

放出される徐放性挙動を示した。薬物モデルとしてRBITCではなくピレンを用いた実験では，アルカリによるPHAの分解に伴うピレンの放出が確認できている[12]。

6　まとめ

本章では，ピッカリングエマルション形成とエマルション溶媒拡散法を利用して作製される，生分解性ポリマーPHAと酸化鉄磁性ナノ粒子からなるコアシェル複合粒子を紹介した。作製したコアシェル複合粒子は磁気誘導DDSキャリアとして設計されたものであるが，用いた作製方法は，ほかの疎水性ポリマーと固体ナノ粒子からなるコアシェル複合粒子作製にも応用可能である。ピッカリングエマルション形成を利用したコアシェル複合粒子作製方法は，DDS分野だけでなく水処理分野など，ほかの分野における新規複合材料開発への発展が期待できる。

文　　献

1) F. Yuan *et al.*, *Cancer Res.*, **55**, 3752 (1995)
2) H. Maeda *et al.*, *Eur. J. Pharm. Biopharm.*, **71**, 409 (2009)
3) T. Fuchigami *et al.*, *Langmuir*, **27**, 2923 (2011)
4) T. Fuchigami *et al.*, *Biomaterials*, **33**, 1682 (2012)
5) S. Furutate *et al.*, *NPG Asia Mater.*, **13**, 31 (2021)
6) S. Hachisuka *et al.*, *Appl. Environ. Microbiol.*, **89**, e01488 (2023)
7) Y.C. Xiong *et al.*, *J. Biomater. Sci.*, **21**, 127 (2010)
8) Y. Kawashima *et al.*, *Eur. J. Pharm. Biopharm.*, **45**, 41 (1998)
9) S. Guinebretiere *et al.*, *Drug Develop. Res.*, **57**, 18 (2002)

第 16 章　標的薬物送達のための生分解性ポリマー粒子と酸化鉄磁性ナノ粒子からなるコアシェル複合粒子

10)　H. Zhang *et al.*, *Colloids Surf., B*, **71**, 19（2009）

11)　L. Hung *et al.*, *Lab Chip*, **10**, 1820（2010）

12)　C. Oka *et al.*, *J. Magn. Magn. Mater.*, **381**, 278（2015）

13)　C. Oka *et al.*, *Jpn. J. Appl. Phys.*, **55**, 02BE01（2016）

14)　C. Oka *et al.*, *J. Magn. Soc. Jpn.*, **40**, 126（2016）

第17章 ピッカリングエマルジョンプロセスで作製したTEMPO酸化セルロースナノファイバー/Bio-PBSAナノコンポジット

黒川成貴[*1], 堀田 篤[*2]

1 はじめに

プラスチックなどのポリマー材料の機械特性向上のため，ナノファイバーを強化材としてポリマー材料へ複合化した繊維強化型ポリマーナノコンポジットの研究が盛んに行われている。強化材の補強効果には，そのアスペクト比が大きく関連している。すなわち，連続性の高いナノファイバーは，粒子や短繊維と比較すると，高いアスペクト比を有しているため優れた補強効果を示すことができる。繊維強化型複合材料において主たる一般的な補強メカニズムは，母材-強化材界面を介して母材に負荷された荷重が強化材へ有効に伝達されることによる[1]。そこで，アスペクト比が高いナノファイバーのような繊維状の強化材では，材料の単位体積当たりの表面積（比表面積）が増加することで母材-強化材界面の面積が増加し，母材から強化材への効率的な応力伝達が可能となる。また，複合材料へ荷重を負荷した際に生じる母材-強化材間の界面の剥離が材料破壊の一般的な要因の1つとなるが，ナノファイバーでは母材-強化材界面の面積が増加することで強化材へ伝達される応力が分散化され，結果として界面における剥離が抑制されるために補強効果への期待も高まる。これに加えて，ファイバー先端は一般的に応力集中が生じる部分であるがゆえに界面剥離と同様に材料破壊の起点となりうるのだが，アスペクト比の高いナノファイバーでは，そもそもこのファイバー先端が相対的にきわめて少なくなるために，破壊に至る確率も抑制できる。さらには，アスペクト比が高いとナノファイバー同士の絡み合いも多くなり，補強効果向上の一因となる。このように，ナノファイバーは複合材料の強化材としても大きく期待されている。

強化材の候補となるナノファイバーの中でも，2,2,6,6-tetramethylpiperidine-1-oxyl（TEMPO）酸化セルロースナノファイバー（TOCN）はその優れた機械特性，高い生体適合性，生分解性，再生可能資源由来などの特長から，近年大変注目を集めている。TOCNは，セルロース粉末（パルプ）のTEMPO酸化とその後の機械的処理工程によって得ることができる[2~6]。

---

*1 Naruki KUROKAWA 東京科学大学 物質理工学院 応用化学系 助教；
慶應義塾大学 理工学部 機械工学科 訪問助教

*2 Atsushi HOTTA 慶應義塾大学 理工学部 機械工学科 教授

第17章 ピッカリングエマルジョンプロセスで作製した TEMPO 酸化セルロースナノファイバー/Bio-PBSA ナノコンポジット

TOCN の繊維形状は，均一な幅 3〜4 nm で 100 以上の高アスペクト比を有し，そのヤング率は〜145 GPa にまで達する[7]。TOCN を母材として多く使われる疎水性ポリマーへ複合化するためには，従来は溶媒置換によって母材となるポリマーを溶解できる有機溶媒に一旦分散させる手法がとられてきた。Okita らは，表面にカルボキシ基を有する TOCN を使用することで，*N,N*-dimethylformamide（DMF）などの非プロトン性極性溶媒に分散できることを報告している[8]。しかし，この方法では HCl aq. を用いた脱塩工程と，その後に多量の有機溶媒を要する溶媒置換処理が必要となる。また，溶媒の種類によっては TOCN が分散しにくく，さらには TOCN がもともと親水性表面を有するために，母材である疎水性ポリマー内部で凝集しやすい。これらの要因から，TOCN を複合しても，延伸時に応力集中が生じて機械特性を低下させる可能性があった。このようなことから，これまでは TOCN の分散性向上のために，やや煩雑な多段階表面改質が行われてきた。

　近年，強化材をうまく分散させてポリマーナノコンポジットを作製するための効果的かつ簡便な方法として，ピッカリングエマルジョン法が注目されている[9〜16]。TOCN を強化材として用いる場合，TOCN の水懸濁液と有機溶媒を用いたポリマー溶液を超音波撹拌により混合すると，TOCN が水-ポリマー溶液界面に界面活性剤として吸着し，得られたエマルジョンを安定化させることができる。そして，得られたエマルジョンを凍結乾燥させ，その後加熱圧縮成形することによって，TOCN が十分に分散したポリマーナノコンポジットを得ることができる。この手法は表面改質や溶媒置換などの煩雑な工程を必要とせず，強化材の水懸濁液とポリマー溶液を用意して超音波撹拌を行うだけで強化材が高分散状態で複合化されたナノコンポジットを得ることができるため，従来の複合化手法と比較して簡便に効率よく利用できる。

　本稿では，TCON と poly(butylene succinate-*co*-adipate)（PBSA）を用いたナノコンポジットをピッカリングエマルジョン法を用いて作製し，その構造と熱特性，機械特性，および寸法安定性について調査した結果を報告する[17]。Poly(butylene succinate)（PBS）と PBSA は高い生分解性と再生可能資源由来という特徴を有し，石油由来の polyethylene や polypropylene に匹敵する優れた成型加工性と機械特性を有している。このため，近年有望なバイオプラスチックとして期待されている[18〜22]。タイの PTT MCC Biochem Co. Ltd. と日本の三菱ケミカルグループは，バイオベースの PBS と PBSA を BioPBS シリーズとして共同で開発し，商業用バイオプラスチックとして販売している[23]。この PBSA は，PBS にアジピン酸ユニットを加えたランダム共重合体であり，結晶性が低いため柔軟性を有する。さらには，分解速度が PBS の数倍速いという利点もある[21]。PBS の完全な生分解には工業的なコンポスト施設が必要であるが，PBSA は家庭用コンポストでも十分に分解できるため，ほかの生ごみと一緒に捨てることができ，迅速かつ簡単に分解できるごみ袋として応用されている。PBSA は有望なバイオプラスチックであるが，結晶化度が低いため，機械特性は PBS に劣っている。また，ガラス転移温度が低い（−45℃）ため，室温ではゴム状態であり，ほかのプラスチック材料と比較して高温で膨張しやすく，製品として利用する際の寸法安定性に乏しい。そのため，PBSA の機械特性および寸法安

145

定性を向上させることが望まれる。TOCN は大変に優れた機械特性および寸法安定性を有することから，ピッカリングエマルション法により TOCN を良好な分散状態で Bio-PBSA に複合化することで，Bio-PBSA の機械特性と寸法安定性が大幅に向上することが期待される。 かつ，TOCN も Bio-PBSA も再生可能資源由来かつ生分解性を有する材料のため，複合化がうまくいけば環境低負荷な素材のみで構成されるバイオナノコンポジットとなる。

2 ピッカリングエマルジョン法を用いた TOCN/PBSA ナノコンポジットの作製とその内部構造

PBSA（Bio-PBSA，FD92PM）および TOCN 水懸濁液（RHEOCRYSTA，2％水分散液）は，それぞれ三菱ケミカルグループおよび第一工業製薬㈱から供試いただいた。

さまざまな TOCN 含有率の TOCN/PBSA ナノコンポジットを作製するため，$CHCl_3$ を溶媒とした PBSA 溶液と，TOCN 水懸濁液を表1のように調整した。ピッカリングエマルジョン法による TOCN/PBSA ナノコンポジットフィルムの作製工程を図1に示す。使用する PBSA 溶液と TOCN 水懸濁液の量は，各サンプルともすべて 30 g とした。PBSA 溶液と TOCN 水懸濁液をバイアル中で混合し，氷浴中で超音波撹拌機により3分間撹拌した。これにより得られた TOCN/PBSA/水/$CHCl_3$ 混合懸濁液のエマルジョン安定性を観察した（図2）。いずれの混合懸濁液も超音波処理後にエマルジョンを形成したが，TOCN/PBSA 0.5 wt％用の混合懸濁液では 30 分後には油相と水相への相分離がはっきりと観察され，エマルジョン安定性が良くないことが示された。一方，ほかの混合懸濁液ではこのような明確な相分離は見られず，エマルジョン安定性が良好であった。

超音波処理直後のエマルジョンの構造を反映させるため，超音波処理直後に液体窒素を用いてエマルジョンを直ちに凍結し，凍結乾燥により TOCN/PBSA 多孔体を得た後に，50℃の真空オーブンで 24 h 乾燥させた。TOCN/PBSA 多孔体の SEM 画像を図3(A)に示す。TOCN 含有率が 0.5 wt％および 1.0 wt％と低含有率の場合，界面活性剤として働く TOCN の量が不十分であり，相分離により生じた数十～数百 μm の PBSA の多孔質ビーズから構成されていた。一方，TOCN 含有率を増加させたほかの試料ではビーズ構造は観察されず，均質な共連続的な多孔質構造が見られた。これまでの研究では，ポリマーのミクロスフィアを形成させるために油相の体

表1 ピッカリングエマルジョン法に用いた PBSA 溶液および TOCN 水懸濁液。

試料		PBSA 溶液濃度（wt％）	TOCN 水分散液濃度（wt％）
TOCN/PBSA	0.5 wt％	10.0	0.05
	1.0 wt％	10.0	0.10
	2.0 wt％	5.0	0.10
	3.0 wt％	5.0	0.15
	5.0 wt％	5.0	0.25

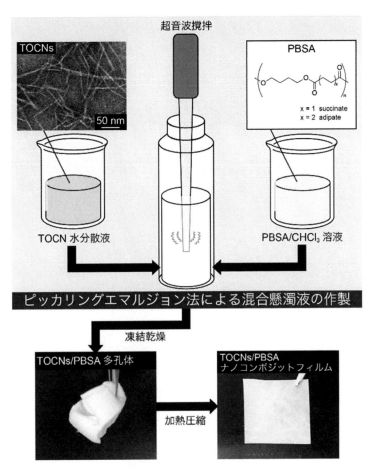

図1 ピッカリングエマルジョン法を用いたTOCN/PBSAナノコンポジットフィルムの作製工程。

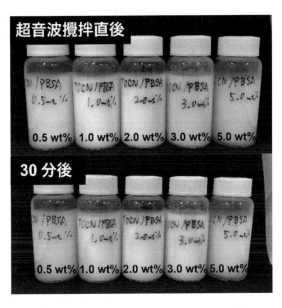

図2 ピッカリングエマルジョン法により得られたTOCN/PBSA/水/CHCl$_3$混合懸濁液のエマルジョン安定性。

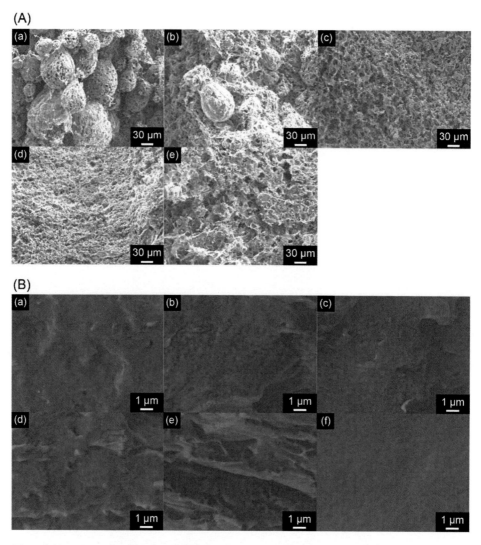

図3 (A)TOCN/PBSA多孔体の内部構造および(B)TOCN/PBSAナノコンポジットフィルムの破断面のSEM画像：(a)0.5 wt%，(b)1.0 wt%，(c)2.0 wt%，(d)3.0 wt%，(e)5.0 wt%，および(f)pure PBSA。

積分率が低い（25％以下）条件でピッカリングエマルジョン法が用いられていたが，我々の研究では，油相の体積分率が40％程度と比較的高い．ここでは，油相と水相の体積分率が同程度であったため，共連続構造が形成されたと考えられる．TOCN含有率を5.0 wt％まで高くすると，多孔質構造の孔径が大きくなった．これは，TOCNが過剰に存在することで油相-水相界面だけでなく，水槽にある程度存在するためにTOCNの凝集が生じたためであると推察される．

次に，TOCN/PBSA多孔体を135℃で5分間加熱圧縮成形し，成型後すぐに冷水で急冷することで，厚さ0.1 mmのTOCN/PBSAナノコンポジットフィルムを得た．母材のPBSAは室温

第17章 ピッカリングエマルジョンプロセスで作製したTEMPO酸化セルロースナノファイバー/Bio-PBSAナノコンポジット

で徐々に結晶化するため，試料を完全に結晶化させるために3日以上室温で保管した。その後，各試験に用いた。図3(B)はTOCN/PBSAナノコンポジットフィルムの破断面SEM画像である。pure PBSAは，繊維状構造のない平滑な破断面を示した。TOCN含有率を増加させるにつれ，破断面は徐々に粗くなり，TOCN含有率が5.0 wt%になるとTOCNの凝集による層状構造が観察された。以上より，TOCN/PBSAナノコンポジットフィルムの内部構造はTOCN/PBSA多孔体の構造を反映しており，TOCNの高分散性を実現するにはピッカリングエマルジョン法に用いる混合懸濁液の組成が重要であることがわかった。

3　TOCN/PBSAナノコンポジットの熱特性

TOCN/PBSAナノコンポジットフィルムの示唆走査熱量測定（DSC：differential scanning calorimetry）曲線を図4(a)および(b)に示す。また，DSCの解析により得られた熱物性の数値を表2に示す。PBSA母材の融点T_mはTOCN含有率によらず85℃あたりに見られた。融解エンタルピーH_fおよびそこから得られる結晶化度X_cは，TOCN含有率の増加とともに上昇した。また，DSCの冷却過程において，pure PBSAの結晶化温度T_cは38℃あたりであったが，TOCN/PBSAのT_cは50℃あたりにシフトし，pure PBSAより12℃ほど高かった。また，結晶化エンタルピーH_cもH_fと同様に上昇した。この結果は，TOCNがPBSAの結晶化度の向上とともに結晶化速度を加速する結晶核剤として機能していることを示している。

図4(c)および(d)にはTOCN/PBSAナノコンポジットフィルムの熱重量分析（TGA：thermogravimetric analysis）および微分熱重量（DTG：differential thermogravimetry）曲線を示す。TGAの結果より，TOCNの複合化により，PBSAの熱分解が促進されることがわかった。また，表2よりpure PBSAの5%重量減少温度T_dは約357℃であったが，TOCNを複合化することによりその温度が徐々に低下し，TOCN含有率5 wt%で約323℃となった。T_dが低下した主な要因は，TOCNの熱分解，およびTOCN表面のカルボキシ基の触媒効果の二つが起因していると考えられる。TOCNは200℃あたりから熱分解を開始することが報告されていて[2, 14]，TOCN/PBSAにおいては，熱分解に由来する重量減少が210℃あたりから生じている。DTG曲線が示すように，pure PBSAの熱分解は約340℃で始まり，約400℃で分解速度が最大となった。TOCN/PBSAのDTG曲線において，TOCNの分解は250℃あたりに小さなピークとして見られ，PBSAの熱分解ピークは約390℃となり，pure PBSAに比べて10℃ほど低温側にシフトしている。Monikaらによるセルロースナノ結晶（CNC）/polylactide（PLA）複合材料の先行研究によると，H_2SO_4でCNCを処理することでCNC表面の水酸基を硫酸基へ置換することができ，その効果によりPLA母材の熱分解を促進できたと結論付けている[24]。TOCN表面のカルボキシ基も硫酸基と同様の酸性官能基であることから，本研究においてもTOCNがPBSAの分解促進作用を有していたことが示唆される。

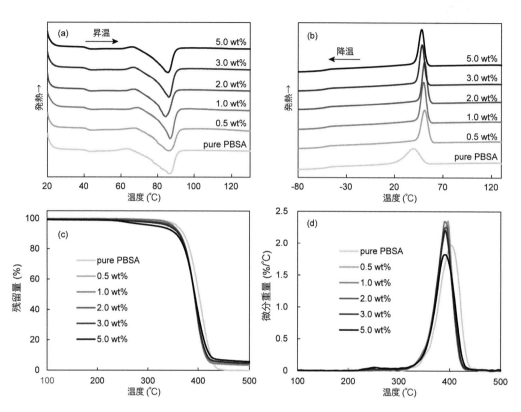

図4 TOCN/PBSAナノコンポジットフィルムの(a)昇温時および(b)降温時のDSC曲線, および(c)TGA曲線と(d)DTG曲線。

表2 TOCN/PBSAナノコンポジットフィルムの熱物性。

試料		T_m (℃)	H_f (J/g)	X_c (%)	T_c (℃)	H_c (J/g)	T_d (℃)
pure PBSA		86.3 ± 0.5	42.1 ± 3.9	21.1 ± 1.9	38.3 ± 1.1	47.8 ± 0.6	357.4 ± 1.5
TOCN/PBSA	0.5 wt%	86.4 ± 0.2	45.2 ± 2.0	22.6 ± 1.0	50.7 ± 0.3	45.0 ± 1.3	348.2 ± 2.1
	1.0 wt%	86.4 ± 1.5	47.3 ± 2.1	23.7 ± 1.1	50.3 ± 0.1	49.5 ± 2.4	349.4 ± 1.4
	2.0 wt%	85.3 ± 0.9	47.7 ± 0.8	23.9 ± 0.4	51.9 ± 1.2	50.1 ± 0.7	345.3 ± 2.1
	3.0 wt%	85.9 ± 0.3	47.2 ± 2.3	23.6 ± 1.1	48.6 ± 0.1	49.8 ± 1.1	342.0 ± 1.0
	5.0 wt%	85.7 ± 0.1	48.9 ± 1.1	24.4 ± 0.6	48.1 ± 0.2	50.1 ± 1.4	323.6 ± 4.0

4 TOCN/PBSAナノコンポジットの機械特性および寸法安定性

さまざまな TOCN 含有率の TOCN/PBSA ナノコンポジットフィルムの静的引張試験，動的粘弾性測定（DMTA：dynamic mechanical thermal analysis），および熱機械分析（TMA：Thermomechanical Analysis）を実施することで，TOCN の複合化が機械特性および寸法安定性に及ぼす影響を調査した。

pure PBSA および TOCN/PBSA ナノコンポジットフィルムの応力ひずみ線図を図 5(a) および (b) に示す。多くの試料で降伏点以降に応力振動現象が見られた。これは PBS, syndiotactic polypropylene, poly(ethylene terephthalate) などにもよく見られる現象である。また，pure PBSA では降伏点以降に応力が徐々に増加していく様子が見られており，これは延伸により PBSA の分子鎖が配向していくためと考えられる。図 5(c) に示すように，pure PBSA のヤング率が 138 MPa である一方，TOCN 含有率の増加とともにヤング率は線形に増加し，TOCN 含有率 5 wt% のときに 305 MPa まで達して大幅な向上が見られた。同様に，図 5(d) に示す降伏応力も向上する傾向が見られた。これは，TOCN が PBSA に対して優れた強化材として機能していることを示している。加えて，図 3 および表 2 で示した TOCN の複合化による PBSA 母材の結晶化度増加も，ヤング率向上に寄与することが考えられる。一方，図 5(e) と (f) から，引張強度と破断ひずみは TOCN の複合化により低下した。母材と強化材の界面同士の相性が，複合材

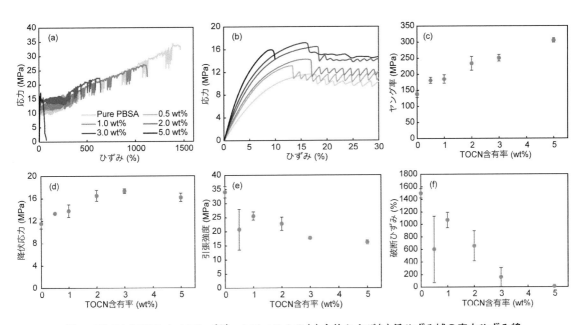

図5 TOCN/PBSA ナノコンポジットフィルムの (a) 全体および (b) 低ひずみ域の応力ひずみ線図，および TOCN 含有率を変化させた際の (c) ヤング率，(d) 降伏応力，(e) 引張強度，および (f) 破断ひずみ。

料の破壊挙動に大きく寄与していることが知られており，本研究においては，PBSAが疎水性であるのに対して，TOCNはカルボキシ基と水酸基を表面に有しているため親水性となる。応力ひずみ線図において，低ひずみ領域ではPBSA母材とTOCNの界面接着が維持されていて，そのおかげでヤング率や降伏応力が向上したと考えられる。一方で，より高ひずみ域ではPBSAとTOCNの界面において剥離が生じることで，そこを起点とした亀裂進展が起こったために，引張強度と破断ひずみが低下したと考えられる。また，TOCN含有率が0.5 wt%の場合，引張強さと破断ひずみが大きく低下することもわかった。これは，ピッカリングエマルジョン法で得られた混合懸濁液中において大きな相分離が生じ，TOCNが不均一に分布していたためと考えられる。不均一な強化材の分布は応力集中を引き起こし，その結果，引張強度と破断ひずみが低下したと考えられる。なお，TOCN含有率が1.0～3.0 wt%のときは安定なエマルジョンとなり，TOCNが比較的均一に分散したため，引張強度と破断ひずみが一旦上昇した。しかし，さらにTOCN含有率を高くして5.0 wt%に至った時，TOCNの凝集が生じてさらなる値の低下が生じたのではないかと推察された。

　図6(a)および(b)にTOCN/PBSAナノコンポジットフィルムの貯蔵弾性率の温度依存性の結果を示す。pure PBSAでは温度上昇に伴い貯蔵弾性率が徐々に低下し，PBSAの融点である80℃あたりで急激に低下した。特に，PBSAの貯蔵弾性率は60℃以上で100 MPaを下回った。この実験結果より，PBSAの耐熱性が低いことが示唆された。図6(a)の結果から，TOCN含有率の増加とともにすべての温度において貯蔵弾性率の向上が見られた。また，TOCN/PBSAナノコンポジットフィルムの30℃および80℃での貯蔵弾性率を図6(b)に示した。30℃におけるpure PBSAの貯蔵弾性率は約230 MPaであったが，TOCN含有率の増加に伴ってこの値が徐々に増加し，5.0 wt%では約500 MPaと2倍以上の値に達した。80℃のときは，pure PBSAの貯蔵弾性率は～3.6 MPaとなり，30℃の値と比較して1.6%まで低下した。TOCN含有率5.0 wt%の80℃における貯蔵弾性率は約135 MPaであり，これはpure PBSAの37.5倍であった。この結果から，TOCNが低い含有率，たとえば5.0 wt%あたりであってもPBSAの耐熱性を大きく向上することが示された。

　最後に，図6(c)および(d)にTOCN/PBSAナノコンポジットフィルムの熱膨張率の温度依存性と，45～55℃の温度範囲の熱膨張の結果から算出された線膨張係数（CTE）を示した。pure PBSAは室温でゴム状態であるため，約48×10^{-5} K^{-1}というきわめて高いCTEを示す。TOCN含有率の増加に伴いCTEは徐々に低下して，5.0 wt%においてはpure PBSAの半分の約24×10^{-5} K^{-1}に達しており，TOCNの複合化でPBSAの熱膨張を大きく抑制できることがわかった。図6(c)に示すように，すべての試料でPBSAの融点である80℃付近から急激に熱膨張率が上昇する傾向がみられる。熱膨張率が急激に上昇し始める点を変形温度として図6(d)に示した。DSCにより得られた各試料のT_mは，TOCNの複合化で変化しなかったにもかかわらず，変形温度に関してはTOCN含有率の増加に伴い約79℃から約84℃へと徐々に上昇した。TOCNは大変低いCTEを有することで知られていて，FukuzumiらはTOCNだけで透明フィ

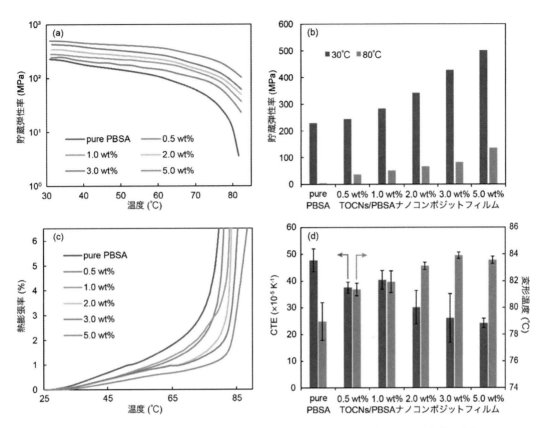

図6 TOCN/PBSAナノコンポジットフィルムの(a)DMTA曲線と(b)TOCN含有率を変化させた際の30℃と80℃の貯蔵弾性率, および(c)TMA曲線と(d)TOCN含有率を変化させた際のCTEと変形温度。

ルムを作製し, TOCNのCTEを約$2.7×10^{-6}$ K^{-1}と決定したが, これはガラス（約$9.0×10^{-6}$ K^{-1}）よりもはるかに低い値である[25]。TOCNがきわめて低いCTEを示す要因は, TOCNの高い結晶性にあると示唆されている。本研究においては, 高温でも熱膨張しないTOCNの強固なネットワークがPBSAの分子鎖運動を抑制することで, その結果ナノコンポジットフィルムの熱膨張が抑制されて変形温度も向上したことが示唆される。

5 おわりに

本稿では, PBSAの機械特性および寸法安定性の向上のため, ピッカリングエマルジョン法を用いて強化材であるTOCNが高分散状態で複合化されたTOCN/PBSAナノコンポジットフィルムを作製し, その特性について報告した。ピッカリングエマルジョン法を用いる際のTOCN水懸濁液およびPBSA溶液の濃度が, ナノコンポジット中におけるTOCNの均一分散を実現するための重要な要因であることが示された。また, TOCNはPBSA母材の結晶核剤として作用

し，結晶化速度を高め，かつ PBSA の結晶化度を向上させる効果があることが明らかとなった。さらに，TOCN の複合化によって PBSA の熱分解を促進する効果があることも示されたが，これは TOCN 表面のカルボキシ基による触媒作用によるものと示唆される。TOCN が高分散状態で複合化された TOCN/PBSA ナノコンポジットフィルムでは，TOCN と PBSA の界面における剥離が生じていない低ひずみ領域において，ヤング率と降伏応力を大変に効果的に向上させることができた。その一方で，高ひずみ領域において，TOCN が凝集している際に生じる亀裂進展破壊を抑制することができることが示唆された。なお，TOCN は大変低い CTE を有するために，5.0 wt％以下という比較的に低い含有率でも，熱膨張率を半分にまで抑えることが可能であった。以上の結果より，ピッカリングエマルジョン法を用いることで，強化材を母材へ均一分散させたナノコンポジットフィルムを作製することができ，これにより母材の材料特性を大幅に改善することが可能であることが明らかとなった。

文　　献

1)　A. Zucchelli *et al.*, *Polym. Adv. Technol.*, **22**(3), 339-349（2011）

2)　A. Isogai *et al.*, *Nanoscale*, **3**(1), 71-85（2011）

3)　T. Saito *et al.*, *Biomacromolecules,* **10**(7), 1992-1996（2009）

4)　T. Saito *et al.*, *Biomacromolecules,* **5**(5), 1983-1989（2004）

5)　T. Saito *et al.*, *Biomacromolecules,* **8**(8), 2485-2491（2007）

6)　T. Saito *et al.*, *Biomacromolecules,* **7**(6), 1687-1691（2006）

7)　S. Iwamoto *et al.*, *Biomacromolecules,* **10**(9), 2571-2576（2009）

8)　Y. Okita *et al.*, *Biomacromolecules,* **12**(2), 518-522（2011）

9)　Y. Zhang *et al.*, *Carbohydr. Polym.*, **179**86-92（2018）

10)　S. Fujisawa, *Polym. J.*, **53**(1), 103-109（2020）

11)　S. Fujisawa *et al.*, *Biomacromolecules,* **14**(5), 1541-6（2013）

12)　S. Fujisawa *et al.*, *Sci. Technol. Adv. Mater.*, **18**(1), 959-971（2017）

13)　S. Fujisawa *et al.*, *Biomacromolecules,* **18**(1), 266-271（2017）

14)　D.W. Kim *et al.*, , *Carbohydr. Polym.*, **247**116762（2020）

15)　Y. Zhang *et al.*, *Int. J. Biol. Macromol.*, **137**197-204（2019）

16)　S. Tanpichai *et al.*, *Compos. Part A Appl. Sci. Manuf.*, **132**（2020）

17)　N. Kurokawa *et al.*, *Compos. Sci. Technol.*, **223**（2022）

18)　S. Mizuno *et al.*, *Polym. Degrad. Stab.*, **117**58-65（2015）

19)　T. Fujimaki, *Polym. Degrad. Stab.*, **59**(1-3), 209-214（1998）

20)　E.S. Yoo *et al.*, *J. Polym. Sci. B Polym. Phys.*, **37**(13), 1357-1366（1999）

21)　M.S. Nikolic *et al.*, *Polym. Degrad. Stab.*, **74**(2), 263-270（2001）

22)　N. Kurokawa *et al.*, *J. Appl. Polym. Sci.*, **135**(24), 45429（2017）

第17章　ピッカリングエマルジョンプロセスで作製したTEMPO酸化セルロースナノファイバー/Bio-PBSAナノコンポジット

23)　A.A. Luthfi *et al.*, *Appl. Microbiol. Biotechnol.*, **101**(8), 3055-3075（2017）

24)　Monika *et al.*, *Int. J. Biol. Macromol.*, **104**(Pt A), 827-836（2017）

25)　H. Fukuzumi *et al.*, *Biomacromolecules*, **10**(1), 162-165（2009）

第18章　機能性キチンナノファイバーを用いた ピッカリング乳化重合法によるキチン ベース蛍光性中空粒子の創製

門川淳一[*]

1　はじめに

　乳化（エマルション）重合とは，水に不溶な液状モノマーを乳化剤存在下，乳化させた系で水溶性ラジカル開始剤により重合させる技術である[1]。均一な乳化液滴を形成した状態で重合を行うため，粒径のそろった粒子を調製することができ，条件を選ぶことで粒径の制御も可能である。ピッカリングエマルション系での重合による粒子の創製も報告されている。一方，最近，セルロースナノファイバーのような生物由来の安定剤を用いるピッカリングエマルション系も報告されており，疎水モノマーの重合による複合粒子の創製にも展開されている[2]。

　生物由来のナノファイバーとしては，セルロースナノファイバー以外にキチンナノファイバー（ChNF）も広く研究されている。ChNF の創製手法としては，天然のキチン素材を機械的に解繊するトップダウン法が良く知られている[3]。また，天然のキチン素材を溶解あるいはゲル化させた後，適切な凝固剤を用いてナノスケールで再生させる，すなわちボトムアップ法に基づいた ChNF の構築も報告されている[4]。たとえば，キチン粉末をイオン液体に混合してゲル化させた後，メタノールを用いて再生させると，自己組織化的に ChNF が得られることが見出されている[5]。

　この自己組織化 ChNF を安定剤に用いてスチレンのピッカリングエマルション重合を行うことで，ChNF／ポリスチレン複合粒子の創製が行われている。また，得られた複合粒子内部のポリスチレンを溶媒により溶解留去することで，キチンベース中空粒子への変換も試みられた。さらに，本手法を利用して，蛍光色素を化学的あるいは物理的に固定化した中空粒子の開発が達成された。本章では，自己組織化 ChNF を基盤とするキチンベース蛍光性中空粒子の創製について，研究の各段階を追って紹介する。

2　ボトムアップ的手法に基づいた自己組織化 ChNF の創製

　近年，イオン液体が天然多糖などの難溶性物質の良溶媒として注目されている。イオン液体とは，常温で液体の性質を持つ（たとえば水の沸点以下の温度で融点を有する）イオン性の物質で

---

[*]　Jun-ichi KADOKAWA　鹿児島大学　大学院理工学研究科　教授

第18章 機能性キチンナノファイバーを用いたピッカリング乳化重合法によるキチンベース蛍光性中空粒子の創製

ある。多くの場合，大きな有機カチオンから形成されており，無機塩などと比較してカチオンとアニオンの相互作用が弱いことから低融点の性質を示す溶融塩と捉えることができる。2002年にイオン液体の塩化1-ブチル3-メチルイミダゾリウムがセルロースを溶解することが見出されて以来，多くのイオン液体がセルロースなどの多糖の良溶媒として見出され利用されてきた[6, 7]。

一方，現在でもキチンを溶解するイオン液体の報告はそれほど多くない。これは，キチンを構成している N-アセチル-D-グルコサミンユニット中のアセトアミド基が非常に強固な分子間水素結合を形成するためである（図1）。筆者は，2009年にイオン液体の臭化1-アリル-3-メチルイミダゾリウム（AMIMBr）がキチンを4.8 wt%程度溶解することを見出した[8]。また，より高濃度ではキチンは，AMIMBr中で加熱することで膨潤しイオンゲルを形成することも分かった（図1）。このイオンゲル（6.5～10.7 wt%）をメタノールに浸漬し，超音波処理によりキチンを再生させると，ナノスケールで自己組織化したChNF／メタノール分散液が得られた。さらに，ろ過，乾燥によりこの分散液からChNFを単離するとフィルムが得られた[5]。フィルムのSEM観察から，ChNFが高度に密集した形態が観察され，ろ過の段階でChNFの絡み合いが起こりフィルムを形成したと考えられる（図1）。

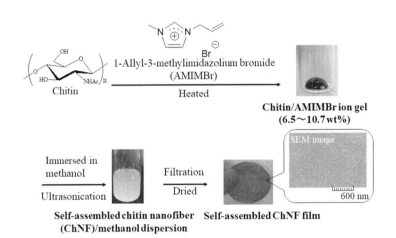

図1 キチンとイオン液体（臭化1-アリル-3-メチルイミダゾリウム，AMIMBr）からのイオンゲル形成とメタノールを用いた再生による自己組織化キチンナノファイバー（ChNF）分散液／フィルムの創製

3 自己組織化ChNFを安定剤に用いたスチレンのピッカリングエマルション重合による複合粒子の創製

上記の自己組織化ChNFを安定剤に用いたスチレンのピッカリングエマルション重合による複合粒子の創製を検討した[9]。ChNFを安定剤として使用するためには，水中で分散させる必要がある。しかし，自己組織化ChNFは一旦乾燥させてフィルム状にすると，強い水素結合形成

157

により再分散させることは容易ではない。既に筆者は，ChNF 上にアニオン性のマレイル基を置換すると，カチオン性のアンモニア水溶液中で容易に分散できることを見出しているため[10]，この分散液を用いてスチレンとのピッカリングエマルション形成を試みた（図2）。

そこで，自己組織化 ChNF フィルムを 70℃で加熱溶融した無水マレイン酸中に混合し，過塩素酸存在下，この温度でキチンのヒドロキシ基との反応を行い，ChNF 表面にマレイル基を導入した（置換度：23％）。得られたマレイル化 ChNF フィルムを 1 mol/L アンモニア水溶液に加え，撹拌することで分散液を調製した。そこにスチレン（スチレン／ChNF の重量比；1：0.02〜1：0.2）を混合し超音波処理を行ったところ，容易にエマルションが得られた（図2）。レーザー顕微鏡測定において，アンモニア水溶液中での明確なスチレンドロップレットの形態が観察され，マレイル化 ChNF がピッカリングエマルション形成の良好な安定剤として機能することが分かった。

得られたエマルションにラジカル開始剤であるペルオキソ二硫酸カリウムを加え，70℃で 24 時間撹拌することでスチレンのラジカル重合を行った（図2）。重合後，遠心分離，凍結乾燥により生成物を単離した。これを水中に再分散させて SEM 測定を行ったところ，粒子形態が観察され，さらに粒子の周りに ChNF が吸着してシェルを形成していることが確認された（図3(a)）。また，スチレンに対する ChNF 量が増加するにつれて，粒子表面を覆っている ChNF 量も増加し，粒子径が減少する傾向が観られた。ChNF 量の増加による粒子系の減少は，動的光散乱測定によっても支持された。

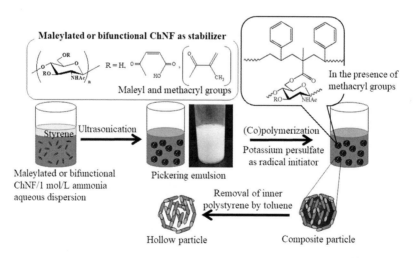

図2 マレイル化および二官能性（マレイル基，メタクリル基）ChNF を安定剤に用いたスチレンのピッカリングエマルション重合による複合粒子の創製と内部ポリスチレンの溶解・留去による中空粒子への変換

第18章 機能性キチンナノファイバーを用いたピッカリング乳化重合法によるキチンベース蛍光性中空粒子の創製

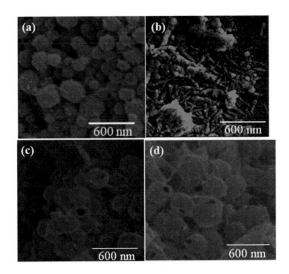

図3 SEM測定結果：(a)マレイル化ChNFを安定剤に用いて得られた複合粒子（水分散液）と(b)内部ポリスチレンの溶解・留去後の生成物（水分散液），(c)二官能性ChNFを安定剤に用いて得られた中空粒子（水分散液），(d)重合性ピレンを用いて得られた中空粒子（水分散液）

4 複合粒子の中空粒子への変換

　複合粒子内部のポリスチレンコアをトルエンを用いて溶解し，デカンテーションにより留去することでChNFシェル部分を残存させた中空粒子への変換を試みた。得られた粒子をトルエンに再分散させてSEM観察を行ったところ中空形態が観察された。また，留去前後での重量比から21～36％のポリスチレンが残存していることが分かった。しかし，トルエン分散液から中空粒子を単離し，水中に再分散させてSEM観察を行ったところ，形態の崩壊が確認され，安定性に乏しいことが分かった（図3(b)）。

　そこで，ポリスチレンとの共重合による安定性の向上のためにマレイル基に加えて重合性のメタクリル基を導入したChNFを用いて，同様の手法で中空粒子を創製することとした[11]。自己組織化ChNFフィルムと無水メタクリル酸を混合し，触媒であるN,N-ジメチル-4-アミノピリジン存在下，70℃で反応を行った後，さらに無水マレイン酸を加えて同条件で反応させることで，二官能性（マレイル化，メタクリル化）ChNFフィルムを得た（図2）。マレイル基とメタクリル基の置換度は，それぞれ10.0～11.5％および6.6～8.0％と見積もられた。得られたフィルムは，上記のマレイル化ChNFフィルムと同様に，1 mol/Lアンモニア水溶液によく分散することが分かった。

　この分散液にスチレンを加え（スチレン／ChNFの重量比：1：0.1），上記と同様にしてピッカリングエマルションを調製した。そこにラジカル開始剤であるペルオキソ二硫酸カリウムを加え，70℃で24時間撹拌することでスチレンのラジカル重合を行った。単離した生成物のSEM

観察から複合粒子の創製を確認した後、上記と同じ操作でポリスチレンコアを溶解・留去して中空粒子へと変換した（ポリスチレンの残存割合：30%）（図2）。これのトルエン分散液および水への再分散液のSEM測定の結果から、いずれも中空形態が観察され（図3(c)）、再分散中にも崩壊しない安定な中空粒子が得られたことが確認された。メタクリル基を導入することでキチン鎖上でのスチレンとのラジカル共重合が可能となり、ChNFとポリスチレンが共有結合でつながったため安定化されたと考えられる（図2）。

5 キチンベース蛍光性中空粒子の創製

上記のピッカリングエマルション重合の手法を基盤として蛍光色素を固定化したキチンベース中空粒子の創製を検討した。上述のように中空粒子には一定量のポリスチレンが残存しており、内部は疎水性と考えられる。そこで、固定化の効率を考慮して、蛍光色素としては疎水性のピレンを選択した。

まず、ラジカル共重合を利用した化学的な手法により蛍光中空粒子の創製を行った[11]。すなわち、重合性のメタクリル基を導入したピレン誘導体（メタクリル酸(1-ピレン)メチル、図4）を上記二官能性ChNFおよびスチレンと共に用いてピッカリングエマルション重合を行い蛍光複合粒子を得た。その後、コアポリスチレンの溶解・留去後のSEM測定から、中空粒子の形態を確認した（図3(d)）。これらの複合／中空粒子の水分散液の345 nmの励起による蛍光スペクトル測定において、378 nmにピレン由来の蛍光発光ピークが確認され、ピレンを固定化したキチンベース複合／中空粒子が得られたことが明らかとなった。実際、これらの水分散液に365 nmの紫外光を照射したところ、青色の発光が観察された。

つぎに、物理的なピレンの固定化によるキチンベース蛍光中空粒子の創製を検討した[11]。上述のように残存ポリスチレンの効果で複合粒子表面や中空粒子内部は疎水性と考えられるため、ピレンとの疎水性相互作用による吸着を利用した。上記の二官能性ChNFを安定剤に用いたピッカリングエマルション重合およびその後のポリスチレンの溶解・留去で得られた複合／中空粒子のそれぞれの水分散液にピレンを加え室温で撹拌した。粒子表面に吸着しているピレンをアセト

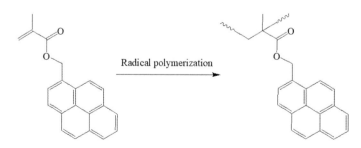

図4　重合性ピレン（メタクリル酸(1-ピレン)メチル）のラジカル重合

ンにより洗浄した後（図5），生成物を水に再分散させて345 nmの励起による蛍光スペクトル測定を行った。その結果，中空粒子の水分散液では378 nmにピレン由来の蛍光発光ピークが観測されたのに対して（図6(a)），複合粒子の水分散液では蛍光発光ピークは観測されなかった（図6(b)）。この結果から，ピレンを中空粒子内部に内包できたことが確認された。

中空粒子内部のポリスチレンとの疎水性相互作用によりピレンは内包されていることから，界面活性剤を用いて中空粒子内部のピレンの徐放を検討した。得られた蛍光中空粒子の水分散液に界面活性剤であるオレイルアルコールを加え，室温で2日間撹拌した（図5）。得られた分散液から中空粒子をろ別し，アセトンで洗浄した後，乾燥することにより生成物を得た。得られた生成物を水に再分散させて345 nmの励起による蛍光スペクトル測定を行った。また，比較としてオレイルアルコール非存在下，室温で2日間撹拌した水分散液の蛍光スペクトル測定も行った。オレイルアルコール処理を行った中空粒子の水分散液の蛍光スペクトルではピレン由来のピークが観測されなかったが（図6(c)），オレイルアルコール未処理の場合はピレン由来のピークが観測された（図6(d)）。これより，界面活性剤によって中空粒子内部のポリスチレンとピレンとの間の疎水性相互作用が弱まることで，ピレンを中空粒子内部から徐放できることが明らかになった。

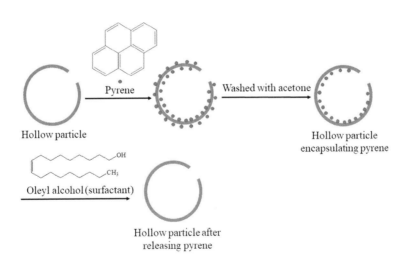

図5 疎水性相互作用による中空粒子へのピレンの内包とオレイルアルコール処理による徐放

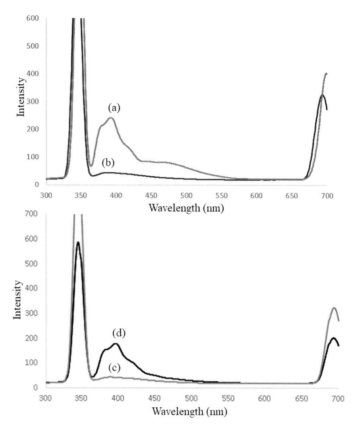

図6 水分散液の蛍光スペクトル測定結果（励起光：345 nm）：ピレンを吸着させた後，アセトンで洗浄して得られた(a)中空粒子と(b)複合粒子，(c)オレイルアルコール存在下および(d)非存在下，水中，室温で2日間撹拌後の中空粒子

6 おわりに

機能性置換基（アニオン性，重合性）を導入した自己組織化 ChNF を安定剤に用いたスチレンのピッカリングエマルション重合により，複合粒子を創製した。さらに，トルエンを用いてコアポリスチレンを溶解・留去することで，中空粒子へと変換した。特に，ChNF 上に重合性のメタクリル基を導入することで，スチレンとの共重合を可能にし，中空粒子を安定化することができた。この手法を利用して，蛍光色素のピレンを固定化したキチンベース蛍光中空粒子の創製を達成した。重合性のピレン誘導体を用いることで化学的に固定化することができた。また，内部の残存ポリスチレンとの疎水性相互作用を利用して，ピレンを物理的に固定化することもできた。さらに，界面活性剤のオレイルアルコール処理により，ピレンを徐放できることも分かった。上記の手法はピレン以外の蛍光色素やほかの機能性化合物にも適用可能であり，様々な機能

第18章　機能性キチンナノファイバーを用いたピッカリング乳化重合法によるキチンベース蛍光性中空粒子の創製

性キチンベース中空粒子の創製が期待できる。たとえば，疎水性薬剤のドラッグデリバリーシステムへの応用が考えられる。

文　　献

1)　A. Lotierzo & S. A. F. Bon, *Polym. Chem.,* **8**, 5100（2017）
2)　S. Fujisawa *et al., Sci. Technol. Adv. Mater.,* **18**, 959（2017）
3)　S. Ifuku & H. Saimoto, *Nanoscale,* **4**, 3308（2012）
4)　J. Kadokawa, *RSC Adv.,* **5**, 12736（2015）
5)　J. Kadokawa *et al., Carbohydr. Polym.,* **84**, 1408（2011）
6)　2)　R. P. Swatloski *et al., J. Am. Chem. Soc.,* **124**, 4974（2002）
7)　S. Taokaew & W. Kriangkrai, *Polysaccharides,* **3**, 671（2022）．
8)　K. Prasad *et al., Int. J. Biol. Macromol.,* **45**, 221（2009）
9)　S. Noguchi *et al., Int. J. Biol. Macromol.,* **126**, 187（2019）
10)　K. Sato *et al., J. Polym. Environ.,* **26**, 3540（2018）
11)　S. Noguchi *et al., Int. J. Biol. Macromol.,* **157**, 680（2020）

第19章　界面反応プラットフォームとしてのピッカリングエマルジョンを用いた水中対向衝突セルロースナノフィブリルの局所的表面アセチル化反応

近藤哲男[*]

1　はじめに

　植物細胞壁は，ミクロフィブリルと呼ばれる幅 3-4 nm のセルロースナノファイバー（以下「ナノセルロース」という。）が集合体となり，配向しながら堆積しており，植物の幹や茎に高い強度を与えている。21世紀に入ってから，産業素材であるパルプ（マイクロ・メートル幅のセルロース繊維）から，それを構成する最も細いエレメントである直径数ナノ・メートルから数10ナノ・メートルのナノ・フィブリル（ナノセルロース）が得られるようになった。しかも，このナノセルロースは，形成する高次の階層構造をもつ細胞壁には創発されない高性能な力学特性など優れた機能を示し，比重は鋼鉄の5分の1にもかかわらず比強度（13 GPa）は5倍以上で，−200℃から200℃までガラスの50分の1程度の熱膨張変形しか示さない上に，比表面積が 250 m²/g 以上を示すことが判明した。なお，ナノセルロースは一般に強い親水性を示すものと考えられている。この間に，種々のセルロースマイクロファイバー（パルプ）のナノ微細化が提案されてきている（著者の以前の総説を参照いただきたい[1,2]）。ナノ微細化手法を大別すると「化学的手法」，「物理的手法」および「物理化学的手法」の3つに分類される。「化学的手法」とは，TEMPO（2,2,6,6-テトラメチルピペリジン-1-オキシラジカル）触媒による酸化を代表とする化学処理を前処理として天然セルロースに施したのち容易に解繊させる手法を示し，「物理的手法」とは，当初，石臼式摩砕機によってミクロフィブリル化ナノファイバーを調製するようなせん断力でダウンサイズする手法を示していた。これに対し，「物理化学的手法」として，本章では水中対向衝突（＝水中カウンターコリジョン（ACC）法）を扱う。これは，相対する高圧水流の衝突を利用してセルロース繊維軸方向中の界面の劈開によりバイオマスのナノ微細化を実現させる手法である[2]。特筆すべきことは，製造法に依存してナノセルロースの繊維表面は異なる性質を示すということである。

　＊　Tetsuo KONDO　東京農工大学　農学部・農学府　環境循環材料科学講座　教授

2 ACC法により得られるセルロースナノファイバー（ACC-ナノセルロース）とは？

著者らは，物質の分子間相互作用エネルギーを考慮する物理化学的手法として，対向するノズルから高圧高速で噴出する懸濁水の水流の衝突を利用した「水中カウンターコリジョン（Aqueous Counter Collision）法」（以下「ACC法」という。）と呼ばれる生物材料のナノ化法を米国で2008年に権利化し，それ以来精力的に検討してきた[1~4]。ここで物理化学的手法というのは，所定の物理的エネルギーを水に分散したセルロース繊維に与え，エネルギーの伝播により繊維軸に沿う劈開による界面剥離を引き起こす現象を示す[4]。図1に示すように，ACC法では水懸濁試料を高速で対向衝突させる。このとき，水（クラスター）の持つ運動エネルギーが衝突により衝撃波という熱力学的エネルギーとなり，それが試料内に伝播され，弱い分子間相互作用が優先的に開裂されて界面剥離を生じさせることになる。衝突圧を制御することにより，ファンデルワールス力などの弱い分子間相互作用エネルギーを超えた時，その部分の選択的開裂または開裂の程度を制御することも可能となる。これまで実験室で用いてきたノズルからの噴出圧200 MPaでは，水の運動エネルギーが理論的に14.3 kJ/molと算出され[3]，発熱等で散逸されるエネルギーを考慮してもその大きさはファンデルワールス力ならびに弱い水素結合エネルギー以上であり，このような相互作用を引き裂き開裂させることを可能とする。

ACC法を結晶性セルロース繊維に適用した場合，構成する結晶内の分子間に働く弱い相互作

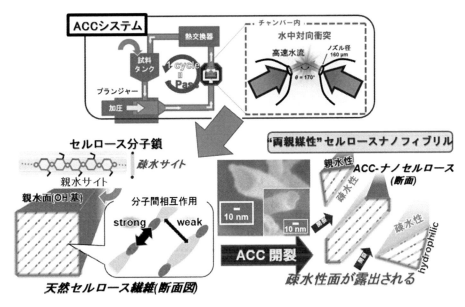

図1 ACC法により疎水性面が露出されて得られる両親媒性セルロースナノフィブリル（ACC-ナノセルロース）

用（結晶面では(200)面間に働く）が優先的に開裂する結果，10-15 nm（原料により異なる）のナノセルロース（以下「ACC-ナノセルロース」という。）が水中に分散する[4]。すなわち図1で示されるように，ACC法により天然結晶セルロースファイバー内のグルカンシートの疎水性面がACC-ナノセルロース表面に新たに露出されることから，ACC法はほかの製造法に比べ，疎水性をより示すセルロースナノファイバーを製造する。いわば，斧で竹を上から割断して中の表面が現れ出すようなイメージを持っていただくとわかりやすい。そのため，木材パルプ[1,3]，竹由来パルプ[1,5]やナタデココ原料[1,6]などはACC法ナノ微細化に適した素材である。また，水流噴出圧（＝噴出エネルギー）を高くすると，伝播する衝撃波エネルギーが高くなり，より多く界面剥離を起こさせる。その結果，疎水性面を多く表面に暴露させ，逆にセルロースナノファイバーの親水性を相対的に低下させるため，ある程度の表面疎水性を制御できる。さらに，ACC法は，他の生物素材からバイオナノファイバーの創製も可能であり，まさに水だけを用いる「環境にやさしい生物素材のナノ微細化法」となる。また上述のようにACC法で得られるACC-ナノセルロース表面は，親水性面と疎水性面（(200)結晶面に相当）の両方が同一ナノファイバー中に有する二面性という独特の特徴を示すようになる[5]。顕著な特徴としては，たとえば，熱可塑性樹脂粒子への吸着[7]，疎水性樹脂表面の疎水性から親水性へのスイッチイング[8]，結晶核剤効果[9,10]，油滴への選択的被覆による安定Pickeringエマルション形成[11]（詳細は以下に記述）などが挙げられる。

　ここで，上記の二面性について解説を加える。化学において，一つの粒子において親水性表面と疎水性表面などの異なる表面を有する異方性粒子を一般にヤヌス粒子と呼ばれている。ヤヌスとは，ローマ神話の守護神で，前と後ろに反対向きの2つの顔を持つのが特徴の双面神のことで，ここで筆者はアナロジーとしてACC-ナノセルロースを「ヤヌス（Janus）型の両親媒性ナノファイバー」と称し，「1本のナノファイバーの各繊維面に親水・疎水の異なる性質が現れる両親媒性」のことを意味する。このヤヌス型の両親媒性ナノファイバー表面の可視化による証明として，それぞれ親水性および疎水性蛍光プローブでACC-ナノセルロースを二重染色し，それを共焦点レーザー顕微鏡観察した。その結果，1本のナノファイバーに繊維軸に沿って2色のラインが観察され，親水・疎水性の異なる繊維面が存在することを明らかにした[5]。図2で，(a)は親水性プローブで染色した図であり，繊維軸に沿ったナノファイバーの縁が染色（2本の線）されている。一方，疎水性プローブで染色した図(b)では，繊維軸に沿って中央部分が染色されている。したがって，(a)と(b)の重ね合わせ図(c)は，繊維軸に沿った親水・疎水の面の存在を示唆している。さらに，ACC法では原料により疎水性面量に差があり，バクテリア由来，竹由来，木質由来の順に低くなることも判明した[5]。

第19章 界面反応プラットフォームとしてのピッカリングエマルジョンを用いた水中対向衝突セルロースナノフィブリルの局所的表面アセチル化反応

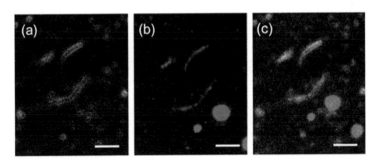

図2 ACC-ナノセルロースの共焦点レーザー顕微鏡図[5]
(a)親水性蛍光プローブで染色図，(b)疎水性蛍光プローブで染色図，(c) (a)と(b)の重ね合わせ図

3 疎水性熱可塑性樹脂粒子の表面に選択的に吸着するACC-ナノセルロース

　ACC-ナノセルロースの表面自由エネルギーに関し，界面吸着特性をもとに定量的に評価した。まず，ACC-ナノセルロース薄膜（膜厚100 nm程度）を調製し，この薄膜に対する水の接触角は理論計算により得られた値と同程度であることを明らかにした[12]。その際，ACC-ナノセルロースと12種の溶媒の水中における接着仕事について実際の界面吸着挙動と比較したところ，11種の溶媒において高い精度で吸着挙動を予測できることを示した。また，ACC-ナノセルロースの表面自由エネルギー（44-45 mJ/m^2）は，ほかの製法で製造されたナノセルロース（ミクロフィブリル化ナノセルロースやTEMPO酸化ナノセルロース）が示す46 mJ/m^{2}以上）より低く，より疎水性であることを示唆した。さらに，この値が製造法の違う各種ナノセルロースの熱可塑性樹脂のマイクロ粒子への吸着能の違いと相関している（図3）[7,12]。また，同じACC法で製造されたナノセルロースでも，原料の違い（バクテリア，竹，木材）が表面自由エネルギーに反映し，バクテリアセルロース由来が最も低い表面自由エネルギー値（43.7 mJ/m^2）を示した[12]。さらに興味深いことに，ACC-ナノセルロースは熱可塑性樹脂の中でもポリプ

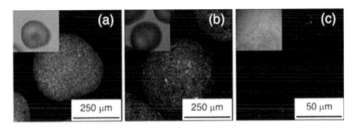

図3 各種ナノセルロースで被覆したポリプロピレン粒子の共焦点レーザー顕微鏡図[7]
(a)ACC-バクテリアナノセルロースで被覆，(b)ACC-微結晶ナノセルロース，(c)TEMPO酸化ナノセルロースで被覆。なお，セルロースはカルコフロールホワイトで蛍光染色しているため，本顕微鏡像では白く映る。挿入図は，同じ試料の明視野像。

ロピレン（PP）に強い吸着能を示し，次いでポリエチレンで，一方でPETにはほとんど吸着しなかった。また，疎水性マイクロ粒子に対し，表面のACC-ナノセルロース被覆により水中での粒子分散状態が著しく変化し，表面が親水性にスイッチされることも判明した[13]。このような表面スイッチイング現象も，ACC-ナノセルロースがヤヌス型の両親媒性ナノファイバーであることを間接的に示唆している。

4 両親媒性ACC-ナノセルロースを用いるPickeringエマルション形成ならびにその安定性の溶媒依存性

3節で述べたように，両親媒性ACC-ナノセルロースは疎水性PPマイクロ粒子を被覆する。この現象のアナロジーとして，O/Wエマルションでの油滴表面のナノセルロース被覆による安定化が認められた。以下にACC-ナノセルロースの乳化剤としての特性を概説する。

まず，竹由来のACC-ナノセルロース懸濁水とn-ヘキサンを1：1で混合し，そのO/Wエマルション（乳化）の状態を検討した[14]。疎水性であるn-ヘキサンは水には相溶せず，混合してもしばらくすると2層に分離する。しかし，ACC-ナノセルロース懸濁水と混合すると，白濁したエマルションを形成した。一般に，固体粒子を乳化剤として用いたエマルションを，提案者の名前から「Pickeringエマルション」と呼ぶ（第1編1章参照のこと）。まさにこのACC-ナノセルロースの関与するエマルションは，Pickeringエマルションとみなされる。セルロース関連のPickeringエマルションでは，乳化剤としてバクテリアセルロース[15]やセルロースナノクリスタル[16]，TEMPO酸化ナノセルロース[17]を用いた研究がこれまでに報告されているが，ナノコンポジット材料関連研究と比べるときわめて少ない。

次いで，竹由来と木質由来のそれぞれのACC-ナノセルロース分散水と各種溶媒（n-ヘキサン，n-オクタン，シクロペンタン，n-デカン，n-ドデカン，シクロヘキサン，シクロオクタン，トルエン，o-キシレン）とを超音波処理に供しO/W型エマルションを作製し，その乳化体積比を比較したところ，竹由来ACC-ナノセルロースが優位な乳化剤機能を示した。図4に，シクロヘキサン・竹由来ACC-ナノセルロース分散水（O/W）エマルションの顕微鏡像を示す。その走査型電子顕微鏡（SEM）観察像から数100マイクロ・メートル径の油滴外層へのナノセルロースの選択的で密な被覆が認められた。すなわち，ACC-ナノセルロースのシクロヘキサン油滴表面への吸着がエマルションの安定化に大きく寄与することを示した[11]。ACC-ナノセルロースが油滴表面を覆うため水中で油滴が安定化することになる。また，このシクロヘキサンのO/W型エマルション状態は室温で数ヶ月以上も維持された。対照実験として，親水性で知られるTEMPO酸化セルロースナノファイバー（TOCN）を用いてシクロヘキサンとの混合を行ったところ，界面にわずかにエマルション形成がみられたもののACC-ナノセルロースの場合ほど広く安定なエマルション形成はみられなかった。このことは，両親媒性のACC-ナノセルロース表面がほかの親水性ナノセルロース表面特性と大きく異なることを示している。

第19章　界面反応プラットフォームとしてのピッカリングエマルジョンを用いた水中対向衝突セルロースナノフィブリルの局所的表面アセチル化反応

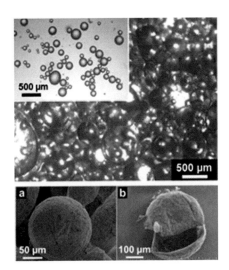

図4　シクロヘキサン・ナノセルロース分散水（O/W）エマルションの顕微鏡像（上図）（挿入図：水で希釈したエマルション）
　a：竹由来ACC-ナノセルロースで被覆されたシクロヘキサン油滴のSEM像，b：竹由来ACC-ナノセルロースで被覆され割れたシクロヘキサン油滴のSEM像。

　また，誘電率と相関する溶媒の極性の効果を検討したところ，誘電率で2.0-2.1の溶媒でACC-ナノセルロースが乳化剤としての機能を発揮していた。さらに，密度がエマルションの安定性に関与することは知られている。ACC-ナノセルロース系エマルションの場合は，0.73 g/cm^{3}以上で形成されるが，誘電率が2.38以上のトルエン，o-キシレンには当てはまらず，誘電率の効果の方が優先されることが示唆された[11]。ACC-ナノセルロースの両親媒性効果の例として，これまで（O/W）エマルション形成で油滴の粘度が高い場合は，安定なエマルション形成には不利とされてきたが[18]，本系の場合は当てはまらなかった。これは，上述のように本系での油滴外層へのナノセルロースの選択的吸着による安定化プロセスに起因する[11]。

5　PickeringエマルションをプラットフォームにするACC-ナノセルロースの局所的表面アセチル化反応

　前節で，油滴を密に被覆することによって，ACC-ナノセルロースがPickeringエマルションの乳化剤として機能することを述べた。そこで，Pickeringエマルションの水油界面を反応場とし，ACC-ナノセルロースの表面改質を検討した[19]。一般に水分散状態で製造されるナノセルロースの疎水化反応は，水を除去するために溶媒置換を行う必要があるが，水油界面を反応場として利用することにより，直接表面を疎水化することが可能となった。図5に，Pickeringエマルションをプラットフォームにする ACC-ナノセルロースの局所的表面アセチル化反応プロセスの概略図を示す。所定量のトリエチルアミン（TEA），4-ジメチルアミノピリジン（DMAP），

169

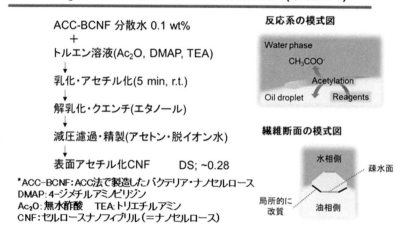

図5 Pickering エマルションをプラットフォームにする ACC-ナノセルロースの局所的表面アセチル化反応の概略図

および無水酢酸（Ac₂O）を含んだトルエン溶液を ACC-ナノセルロースの分散水と混合し，室温で乳化と Pickering エマルションの水油界面でのアセチル化反応を同時に促す（以下「PE系」という）[19]。この PE 系においては，ヤヌス型両親媒性 ACC-ナノセルロースが油滴表面に吸着することが起点となる。ACC-ナノセルロースが吸着したのち，油相側に接触する疎水面とともに限定される親水性サイトがアセチル化される（これが「局所的に改質」の意味である：図5の繊維断面模式図参照）。得られた局所的表面アセチル化 ACC-ナノセルロースでは，広角 X 線回折測定から元の ACC-ナノセルロースと変わらず天然セルロース結晶であることが示され，ナノスケールで繊維形態に変化なく，一方，赤外分光法において水酸基とアセチル基に由来するカルボニル基量の変化（置換度で 0.27）のみが顕著に違いを示した。

さらに，PE 系にて改質された ACC-ナノセルロースは従来の均一分散系にて改質された試料と比較して大きく異なる自己凝集特性を示した。図6に，本局所反応系と従来の均一系とでアセチル化された試料の水分散液での沈降体積比（V_{sed}）の時間変化の比較を反応前の ACC-ナノセルロースの場合とともに示す。PE 系局所反応でアセチル化された試料（置換度 0.27）と従来の均一系でアセチル化された試料（置換度 0.28）とでほぼ同程度の水酸基のアセチル置換度にもかかわらず，顕著な違いが生じた。PE 系局所改質試料は，もとの ACC-ナノセルロースとほぼ同じように，24 時間以内で沈降体積平衡まで到達したが，従来の均一系試料は 2 週間を要した。これは，分散系での反応により疎水基が不均一に試料に導入され，会合特性が変化したためであると考えられる。

以上のように，(O/W) Pickering エマルションの水油界面をプラットフォームにするナノファイバーの局所的表面アセチル化反応（＝ PE 系）は，油滴表面への反応原料の吸着が起点に

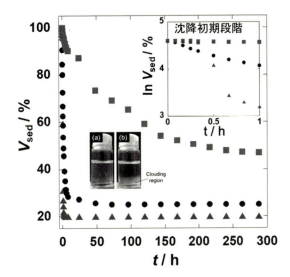

図6 本局所反応系と均一系とでアセチル化された試料の水分散液での沈降体積比（V_{sed}）の時間変化（25℃）の比較（写真は(a) ACC-ナノセルロースの沈降前と(b)沈降平衡時の様子）
●：ACC-ナノセルロース（反応前），▲：本PE系で局所的アセチル化された試料（置換度0.27），
■：従来の均一分散系にてアセチル化された試料（置換度0.28）

なるが，それが可能な場合，局所的に官能基の導入が可能となり，表面物性もこれまでにみられないものとなる。PE系の利点として，溶媒交換や過剰量の反応試薬の必要もなく環境にやさしい反応プロセスを可能にすることが挙げられる。

6　おわりに

バイオマス素材の水のみを用いるナノ微細化法であるACC法は，迅速な両親媒性セルロースナノファイバーの製造法であるばかりでなく，i) どんな材料にも適用可能, ii) 水流エネルギーを衝突により熱力学的エネルギーに変換し，試料中に伝達させて，分子間に働く弱い力を開裂させるため繊維表面にダメージを与えない，iii) 内在している天然素材固有の性質を表面暴露させる（ACC-ナノセルロースの場合は疎水性），iv) 他の手法と合体（併用）が容易，v) 有機，無機を問わず2つ以上の試料の同時ナノ化が可能，vi) 水の会合の崩壊と再配列を誘発させる疎水性水和によりナノカーボン材料の分散性の向上を促す[20]，などの利点が挙げられる。

本稿で紹介したACC-ナノセルロースの乳化剤機能は，複合化ソフトマターへの展開が期待される。さらに著者らは最近，ACC-ナノセルロースをPP粒子に被覆させ直接射出成形させることにより，植物細胞壁様のナノセルロース骨格を芯として内包が可能となる独自のプラスチック成型法を提案している[13]。このPP樹脂中に内包する連結した細胞壁様骨格形成には，PPに対して1万分の1レベルのごく微少量のACC-ナノセルロース添加で十分であり，しかも耐衝撃

性が製造条件により25％〜200％向上する効果が現れることを確認している[13]。このナノコンポジット製造法は，PPのみならず，ほかの樹脂にも適用可能であり，現在，さらに著者らは検討を進めている。それには，ACC-ナノセルロースの原料樹脂への吸着による表面被覆が起点となるため，本稿で紹介したPickeringエマルションをプラットフォームにするACC-ナノセルロースの局所的表面改質法などは，ナノセルロースの表面自由エネルギーを容易に制御し，ACC-ナノセルロースと種々の樹脂原料との吸着を広く可能にするために重要な手法となるであろう。

文　　　献

1) T. Kondo, *KONA Powder and Part. J.*, **40**, 109 (2023).
2) 近藤哲男：月刊「化学」，**71**, 33 (2016).
3) T. Kondo *et al. Carbohydr. Polym.*, **112**, 284 (2014).
4) T. Kondo *et al. Biomacromolecules*, **25**, 5909 (2024).
5) T. Tsuji *et al. Biomacromolecules*, **22**, 620 (2021).
6) R. Kose *et al. Biomacromolecules*, **12**, 716 (2011).
7) G. Ishikawa *et al. Macromoleculesi* **54**, 9393 (2021).
8) R. Kose *et al. Sen-i Gakkaishi*, **67**, 163 (2011).
9) R. Kose & T. Kondo, *J. Appl. Polym. Sci.*, **128**, 1200 (2013).
10) G. Ishikawa & T. Kondo, *Cellulose*, **24**, 5495 (2017).
11) S. Yokota *et al. Carbohydr. Polym.*, **226**, 115293 (2019).
12) K. Ishida & T. Kondo, *Biomacromolecules*, **24**, 3786 (2023).
13) T. Kondo *et al. ACS Appl. Polym. Mater.*, **6**, 1276 (2024).
14) K. Tsuboi *et al. Nord. Pulp Pap. Res. J.*, **29**, 69 (2014).
15) H. Ougiya *et al. Biosci. Biotechnol. Biochem.*, **61**, 1541 (1997).
16) I. Kalashnikova *et al. Langmuir*, **27**, 7471 (2011).
17) Y. Goi *et al. Langmuir*, **35**, 10920 (2019).
18) Y. Chevalier & M.-A. Bolzinger, *Colloids Surf. A Physicochem. Eng. Asp.*, **439**, 23 (2013).
19) K. Ishida *et al. Carbohydr. Polym.*, **261**, 117845 (2021).
20) Y. Kawano & T. Kondo, *Chem. Lett.*, **43**, 483 (2014).

第 20 章　粒子間光架橋性ピッカンリングエマルションを用いた複雑形状多孔質セラミックス部材の製造

飯島志行*

1　はじめに

　複雑形状多孔質セラミックス材料は，特異な流路を有する触媒担体・分離膜材料，患部に応じた人工歯・骨材料，各種の高強度軽量部材やサーマルマネジメント材料など，環境，医療，エネルギーをはじめとした多様な分野で必要不可欠な材料群である。このようなセラミックス材料は一般に，原料粉体を出発材料として，成形，脱脂，焼成工程を経て製造される。複雑形状多孔質セラミックス材料の機能は，その外形状に強く依存することから，セラミックスの原料粉体を溶媒中に懸濁させたスラリーを用いて，その場固化法，射出成形法，各種付加造形（ダイレクトインクライティングや積層光造形）法や，これらと切削加工を組み合わせた成形手法を駆使しながら，目的形状の多孔質セラミックス材料を製造するプロセスが広く研究されてきた。このような成形プロセスで使用されるスラリーには，各種成形法に適合した流動性，最終製品の機能性を損ねない均質性（液中における微粒子の分散性），成形のための外部刺激に応答する機構（熱硬化性，光硬化性，応力応答性）や，多孔性を付与するための仕掛けが求められ，これらの要求を満たす目的で，高分子分散剤，高分子バインダー，各種モノマー，高分子造孔材などの有機系添加剤が多量に配合されている。一方，得られた成形体は最終製品に至る過程で，有機系添加剤を焼き飛ばす脱脂や，原料微粒子間を部分的に結合させる焼結を目的とした焼成操作を経ることになるが，多量に配合された有機分に起因して焼成操作が長時間にわたり，生産に係るエネルギー消費量の低減や生産効率の改善が求められている。本稿ではこれらの課題を解決すべく，少ない有機系添加剤の配合によってスラリーの流動性，微粒子の分散性，外部（光）刺激応答性，造孔性を制御できる「粒子間光架橋性ピッカリングエマルション」の設計概念を概説したのち，複雑形状を有する多孔質セラミックスの製造プロセスへの活用事例を紹介する。

＊　Motoyuki IIJIMA　横浜国立大学　大学院環境情報研究院　人工環境と情報部門
　　准教授

2 粒子間光架橋性ピッカリングエマルションの設計

図1に粒子間光架橋性ピッカリングエマルションの設計概念を示す[1,2]。本エマルションの調製にあたっては、まず高分子分散剤を用いてセラミックス原料微粒子を油相（トルエンなどの低極性溶媒に微量の多官能アクリレートと光重合開始剤を溶解した溶液）に分散安定化させる。高分子分散剤には、アミンを豊富に持つポリエチレンイミン（PEI）に対して、オレイン酸を部分的に会合させた変性PEI（PEI-OA）を用いる。PEI-OAはトルエンなどの非水系溶剤にPEIとオレイン酸（OA）を混合することで得ることができ、PEI-OAのフリーなアミンは微粒子表面に対する吸着サイト、OA鎖は非水系溶剤に対する濡れ性向上の役割を担う。PEI-OAは多様な材質の微粒子表面上に吸着し、非水系溶剤中に分散安定化できる機能を有することも明らかになっており、材料拡張性も高い[3,4]。次に、PEI-OAにより安定化された油相スラリーに、分散相として水を加えて強い撹拌を施す。PEI-OAは親水性のアミンと疎水性のオレイル鎖を有することから、これを飽和吸着した原料微粒子は両親媒性を呈し油水界面に吸着できることが期待される。強撹拌の結果として得られたピッカリングエマルションに紫外光を照射することによって、多官能アクリレートの光重合反応と、重合物中の未反応のアクリオイル基と粒子表面に固定化されたアミン間の付加反応[5,6]を起こし、粒子間架橋の生成とピッカリングエマルションの光硬化を狙ったプロセスである。

図2には、球形シリカ微粒子とOA会合度（PEIを構成する全アミンに対するOAの比率）の異なるPEI-OAを用いて、図1の設計概念のもとピッカリングエマルションを調製した様子を示す。混合操作前は、トルエンスラリー（油相）と水相は分離状態にあったが、これを強撹拌することでいずれのOA会合度のPEI-OAを用いた系であっても、図2に示すように見かけ上

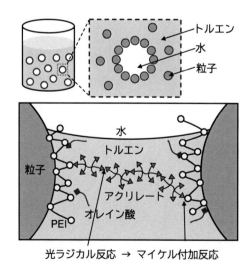

図1 粒子間光架橋性ピッカリングエマルションの設計概念

第20章　粒子間光架橋性ピッカリングエマルションを用いた複雑形状多孔質セラミックス部材の製造

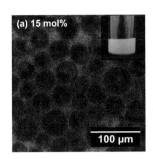
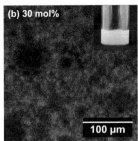
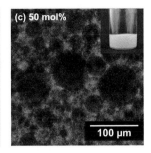

図2　ピッカリングエマルションの外観と内部構造（OA会合度：(a) 15 mol%，(b) 30 mol%，(c) 50 mol%）

均一となった。油相に少量の疎水性蛍光色素を溶解し，強撹拌を施した溶液の微構造を共焦点レーザー顕微鏡で観察した様子を同図に示す。蛍光により明るく観察される連続相中に，蛍光がない球形の分散相が観察され，w/o型のピッカリングエマルションが形成されていることが示唆された。また，検証した範囲内においてはOA会合度が15 mol%のPEI-OAを用いた条件でもっとも分散相の大きさが均一であり，OA会合度が大きくなるにつれて分散相の大きさに分布が生じている様子も観察された。PEI-OAのOA会合度の影響を考察するため，各OA会合度のPEI-OAを飽和吸着させたシリカ微粒子を一軸成形した成形体をトルエン中に浸漬し，成形体上面に水滴を静置した際の接触角を評価したところ，接触角はいずれも140度を超えており，OA会合度が高くなるにつれて接触角も大きくなる傾向が観察された。ピッカリングエマルションの安定性は，連続相溶媒における分散相溶媒の固体粒子に対する接触角が90度に近いほど安定とされることから，PEI-OAのOA会合度が高いほどエマルションの安定性が低く，分散相の合一が進み，分散相の大きさに分布が生じたものと考えられる。また，調製したピッカリングエマルションの流動曲線をレオメータにより評価したところ，せん断速度の上昇過程と下降過程で測定されたみかけ粘度の値に大きなヒステリシス性は認められなかったことから，せん断印加によって構造崩壊する微粒子の大きな凝集体は系内に存在しないピッカリングエマルションであることが明らかになった。

3　粒子間光架橋性ピッカリングエマルションを用いた多孔質セラミックスの作製

図3には，上記で設計したピッカリングエマルションをテフロン製鋳型に注型し，紫外光を照射したのちに脱型した試料の様子を示す。いずれも紫外光を照射することによってテフロン製鋳型内でピッカリングエマルションが硬化し，ハンドリング可能な硬化体が得られた。紙面の都合により詳細は割愛するが，紫外光照射前後のピッカリングエマルションから回収した微粒子の熱重量分析やフーリエ変換赤外分光法を用いた表面分析によって，ピッカリングエマルションの

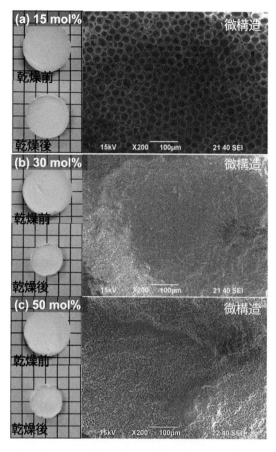

図3 粒子間光架橋性ピッカリングエマルションから得た光硬化体の外観と微構造(OA会合度: (a) 15 mol%, (b) 30 mol%, (c) 50 mol%)

光硬化にあたっては図1で設計した粒子間架橋反応が生じていることを確認している[1]。同図には,ピッカリングエマルションの光硬化体に乾燥処理を施した試料の様子を示す。OA会合度が15 mol%のPEI-OAを用いた系と比較して,OA会合度が30 mol%以上の試料で光硬化体が乾燥後に大きく収縮した。この要因を探るため,各々の乾燥体の微構造を走査型電子顕微鏡によって観察したところ,OA会合度が15 mol%のPEI-OAを用いた系では,分散相に由来する球状の孔が認められた一方,OA会合度が30 mol%および50 mol%のPEI-OAを用いた系では,分散相に由来する球状の孔がつぶれていた。これは,OA会合度が高くなると,粒子間架橋の形成反応点となるPEI-OAに含まれるフリーなアミン量が減少し,粒子間架橋の強度が低下したことによって,乾燥操作時に生じる毛管負圧に構造体が耐えることができなくなり,分散相由来の孔がつぶれたものと考えられる。

以上の検討結果から,PEI-OAのOA会合度を15 mol%として調製したピッカリングエマルションの光硬化体について,各温度で焼成した際の試料外観と微構造を観察した様子を図4に

第20章　粒子間光架橋性ピッカリングエマルションを用いた複雑形状多孔質セラミックス部材の製造

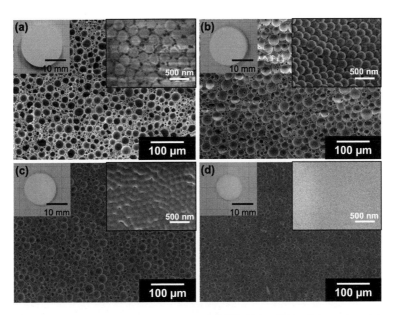

図4　焼成温度が光硬化体の外観と内部構造に及ぼす影響（(a)未焼前，(b)1200℃，(c)1300℃，(d)1400℃）

示す。同図には，各試料の壁部を走査型電子顕微鏡でより高い倍率で観察した結果も併せて示す。焼成前の光硬化体中では（図4(a)），分散相に由来する球形の孔が観察され，壁部を詳細に観察するとナノスケールな粒子間樹脂架橋の生成が認められた。これを1200℃で焼成すると，粒子間に生成した樹脂架橋が消失したうえ，粒子間の焼結に伴うネックの成長が認められ，試料にも収縮が生じていた（図4(b)）。焼成温度をさらに増大させると焼結の進行はより顕著となり，試料の収縮や分散相由来の孔の縮小が認められた（図4(c)(d)）。詳細は原著[1]をご参考頂きたいが，焼成条件によって粒子間の焼結進行度や，焼成体の開気孔率，閉気孔率が制御可能であり，これに伴って焼成体の力学的機能や熱伝導率が変化するため，使用目的に応じて適切な条件を選定する。いずれの焼成条件も昇温速度は10℃/minであり，光照射や加温によってスラリーを硬化させる成形手法のなかでは，格段に速い焼成条件である。このような高速な焼成条件でも構造崩壊なく光硬化体を脱脂，焼成できることは本手法の特徴のひとつである。

4　複雑形状多孔質セラミックス部材の作製プロセスへの展開

　最後に，上述の粒子間光架橋性ピッカリングユマルションを用いたセラミックス多孔体の作製プロセスを活用して，複雑形状体の設計に応用した事例を示す。粒子間光架橋性ピッカリングエマルションを複雑形状鋳型に注型し光硬化させた試料の外観を図5(a)に，光硬化体に切削加工を施した試料の外観を図5(b)に示す。各々，焼成前後における試料の様子を掲載した。前者で

177

は鋳型構造が精密に転写された多孔質セラミックスが，後者ではCADモデルに基づいた加工の施された多孔質セラミックスが，構造崩壊なく作製できている。また，図6は，本誌でご紹介した粒子間光架橋性ピッカリングエマルションの設計概念を応用して，DLP方式の積層光造形に展開した事例を示す[7]。DLP方式の積層光造形は，光硬化性の溶液に紫外光を2次元状に投影して任意形状の薄層を硬化させ，これを重ねることで立体形状を造形する手法である。図6に見られるよう，曲面構造や中空構造を有する複雑形状体が造形可能であり，光硬化体中には分散相に由来した多孔が観察された。また，得られた多孔質の光硬化体は，高速な焼成操作を施しても割れやひびを生ずることなく高強度化のための部分焼結が可能であった。

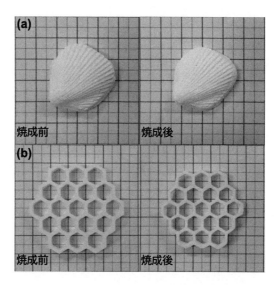

図5 粒子間光架橋性ピッカリングエマルションから調製した多孔質セラミックス（(a)その場光硬化，(b)光硬化体の切削加工）

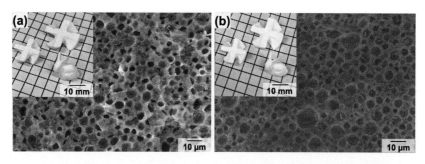

図6 粒子間光架橋性ピッカリングエマルションから得た積層光造形体の例（(a)焼成前，(b)焼成後）

第 20 章　粒子間光架橋性ピッカンリングエマルションを用いた複雑形状多孔質セラミックス部材の製造

5　おわりに

　本稿では，複雑形状多孔質セラミックスの作製を志向した，粒子間光架橋性ピッカリングエマルションの設計技術について紹介した。変性 PEI を修飾したセラミックス原料微粒子を，モノマーと開始剤を微量に溶解させたトルエンに懸濁させたスラリーを設計し，ここに分散相として水を添加して強い撹拌を施すことによって，流動性を呈してかつ光硬化可能なピッカリングエマルションが得られた。本エマルションを用いて，複雑形状鋳型への注型，光硬化体の切削加工や，積層光造形を施すことによって複雑形状体が造形可能であり，得られた造形体には分散相に由来した多孔が認められた。本ピッカリングエマルションにはごく微量の有機分（モノマー分）しか含まないため，光硬化体を高速に焼成しても割れやひびを招くことなく，脱脂や構造体強度向上のための部分焼結が可能であった。本稿でご紹介したピッカリングエマルションを用いた複雑形状多孔質セラミックスの成形技術が，機能性材料の創製分野における発展の一助となれば幸いである。

文　　　献

1)　Y. Yamanoi *et al.*, *Adv. Powder Technol.*, **33**, 103638（2022）
2)　Y. Yamanoi *et al.*, *Adv. Powder Technol.*, **34**, 104240（2023）
3)　M. Iijima *et al.*, *Ind. Eng. Chem. Res.*, **54**, 12847（2015）
4)　M. Iijima *et al.*, *J. Asian Ceram. Soc.*, **4**, 277（2016）
5)　R. Arita *et al.*, *Commun. Mater.*, **1**, 30（2020）
6)　S. Morita *et al.*, *Adv. Powder Technol.*, **32**, 72（2021）
7)　S. Tsutaki *et al.*, *Adv. Powder Technol.*, **35**, 104410（2024）

第 21 章　化粧品処方におけるセルロースナノファイバーによるピッカリングエマルションの形成挙動

久保田紋代[*1]，後居洋介[*2]

　セルロースナノファイバーは，熱力学的に系を安定化させるために油滴に吸着し，ピッカリングエマルションを形成する。この機能を生かし，化粧品処方においても新規の天然由来乳化剤としての応用が期待されている。本稿では実際の処方においての乳化物形成挙動などについて解説する。

1　はじめに

　SDGs（Sustainable Development Goals）の発効などに見られるように，持続可能な社会の構築は既に慈善事業ではなく，企業が戦略の中心に据えて実現すべき開発目標の一つであると言える[1)]。化粧品業界においても，植物由来などの天然原料に対するニーズは年々高まっている印象である。そのような状況の中，樹木などの植物の主要構成成分の一つであり，地球上でもっとも多量に生産・蓄積されているバイオマス資源であるセルロースが近年再注目されている。特に，セルロースナノファイバー（CNF）は世界中でその研究開発が盛んに行われている。CNFはパルプなどのセルロース原料を細かく解きほぐしたものであり，結晶構造に起因する高い強度や熱に対する寸法安定性，ナノサイズの繊維幅に起因する高い比表面積や透明性などといった特徴を有する[2)]。

2　水系添加剤としての CNF の開発

　CNF は様々な製造方法が報告されているが，その一つとして東京大学の磯貝明特別教授，齋藤継之教授らによって見出された TEMPO 酸化法が挙げられる。TEMPO 酸化法によって調製

---

*1　Akiyo KUBOTA　第一工業製薬㈱　研究本部　研究カンパニー部
　　　　　　レオクリスタ・サステナブル材料グループ
*2　Yohsuke GOI　第一工業製薬㈱　研究本部　研究カンパニー部
　　　　　　レオクリスタ・サステナブル材料グループ　グループ長

第 21 章 化粧品処方におけるセルロースナノファイバーによるピッカリングエマルションの形成挙動

図1 CNF水分散液の外観（CNF固形分濃度2%）

されるCNFはその繊維の表面に高密度にカルボキシ基を有しており，また繊維幅が約3 nmと非常に細く，なおかつ均一であり，そして高いアスペクト比を有していることが特徴である[3, 4]。第一工業製薬では，このTEMPO酸化CNF水分散液を水系添加剤「レオクリスタ®」として製品化し，製造販売している（図1）。なお，本稿では以降，TEMPO酸化CNFを単にCNFと記載する。CNFは水中において，一定の濃度以上で相互作用によりネットワーク構造を形成して，ユニークなレオロジー特性を発現する[5]。既に報告しているように[6]，このCNFのネットワーク構造を生かして様々な化粧品に既にCNFは活用されている。

3 CNFの乳化機能

上述の通り，増粘効果などのレオロジーコントロール剤としての応用が中心であったCNFだが，近年乳化機能を有することが明らかとなった。ここでそのメカニズムなどについて述べる。

3.1 CNFによるエマルション形成のメカニズム

油相としてn-ヘキサデカン，水相として0.2%CNF水分散液を用いて，油相/水相＝20/80（v/v）の割合で混合し，ホモミキサーで撹拌することで，水中油（O/W）型エマルションを調製できる（図2a）。このエマルションは水で希釈しても油滴が破壊されず，希釈安定性を有していた。カルコソロールを用いてCNFを蛍光染色し，共焦点レーザー顕微鏡で希釈前後のエマルションを観察した。希釈前の試料では，水相においてCNFに起因する強い蛍光発色が見られた。希釈後のエマルションにおいては，水相の蛍光発色強度は弱まっているにも関わらず，水と油の界面，つまり油滴の表面には希釈前と同様の強い蛍光発色が見られた（図2b, c）。これは，CNFが油滴表面に吸着して局在しており，希釈後も安定に吸着状態を保っていることを示している。このことから，CNFが油滴表面に吸着して界面膜を形成し，油滴を安定化することでエ

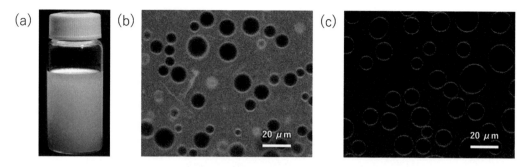

図2 n-ヘキサデカン/0.2%CNF水分散液によるピッカリングエマルションの外観(a)と共焦点レーザー顕微鏡によるエマルションの観察画像(b),および(b)の4倍希釈物(c)

マルションが形成されていると考えられる。つまり,固体であるCNFが油滴に吸着することで形成されるエマルション,いわゆるピッカリングエマルション[7]の調製が可能である。

このピッカリングエマルションの形成においては,外的な機械力,つまり水と油の混合時の撹拌力が高いほど小さな油滴が形成された。形成可能な油滴サイズは3～30 μm程度である。さらに,油滴径が小さく水と油の間の界面積Aが大きいほど多くのCNFが油滴に吸着した。そして被乳化油の水に対する界面張力γ_{ow}が高いほど,より多くのCNFが油滴表面に吸着し,安定なエマルションが得られた。水と油の間の界面自由エネルギーGは(1)式のように界面張力と界面積の積として表される。つまりCNFは系の界面自由エネルギーが高いほど油滴表面に吸着しやすく,それは系全体を熱力学的に安定化させるためであると推察される[8]。

$$G = \gamma_{ow} \times A \tag{1}$$

3.2 CNFによるエマルションの安定化

上述のように,一定以上の濃度においてCNFはネットワーク構造を形成する。このネットワーク構造を形成する最少濃度は臨界相互作用濃度c^*として表される[5]。本稿で取り扱っているTEMPO酸化CNFのc^*は約0.15%であった。c^*以上の濃度のCNF水分散液を用いてエマルションを調製した場合,エマルションを室温で1週間以上静置しておいてもクリーミング(水と油の密度差によって油滴が上部に集まる現象)は生じなかった。これは,CNFのネットワーク構造が油滴の移動を物理的に抑制しているためであると考えられる。

3.3 エマルションの形態観察

シクロヘキサンと0.2%CNF水分散液を混合し,O/Wエマルションを調製した。これを液体窒素によって凍結した後,試料を切断してその断面をクライオSEMにより観察した。-80℃にて水とシクロヘキサンを昇華により除去した後のクライオSEM観察画像を図3に示す。真球状にCNFが膜を形成している様子,すなわち油滴の表面にCNFが吸着して局在している様子が

第21章 化粧品処方におけるセルロースナノファイバーによるピッカリングエマルションの形成挙動

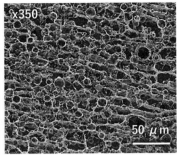

図3 シクロヘキサン/0.2%CNF水分散液によるピッカリングエマルションのクライオSEM観察画像

観察された。また，油滴表面に吸着していない残りのCNFは水相でネットワーク構造を形成していた。これらの結果は，CNFが油滴に吸着してピッカリングエマルションを形成していること，そして形成された油滴は残りのCNFが形成したネットワーク構造によって物理的に安定化していることを明らかに示している。

3.4 乳化可能な油の構造からの推測

上述のように，水に対する界面張力が高い油ほどCNFが吸着しやすく，安定なピッカリングエマルションを形成しやすい。そして乳化のしやすさ/しにくさは，有機概念図を用いることで油の構造からある程度推測することが可能である。有機概念図は有機化合物の構造から炭素数に基づく有機性値（OV）と，置換基の性質，傾向に基づく無機性値（IV）を算出し，二次元グラフ上にプロットする手法である[9]。この手法に基づいて種々の油を有機概念図上にプロットしたところ，IV/OVの値が0.25以下の油はCNFによる乳化が可能であり，それ以上の油は乳化ができない，もしくは一部油の分離が見られることが明らかとなった（図4）。化粧品に一般的に用いられる油については，ミネラルオイル，スクワラン，オリーブ油，パルミチン酸エチルヘキシルなどは安定に乳化が可能であるが，トリ(カプリル酸/カプリン酸)グリセリル，リンゴ酸ジステアリル，シクロペンタシロキサンなどは安定な乳化物を調製するのが難しく，一部油の分離が見られた。ただし，乳化の可否はほかの配合原料や撹拌条件などによっても影響されるため，有機概念図による判定はあくまで目安として捉えるべきである。

3.5 乳化への添加剤の種類と量の影響

水相に2wt%CNF水分散液と各水溶性添加剤（エタノール，1,2-プロパンジオール，1,3-ブチレングリコール，グリセリン）を所定濃度になるよう配合し，水溶性添加剤配合0.2wt%CNF水分散液を得た。得られた分散液20mlにスクワラン5mlを加え，超音波ホモジナイザー（出力40Hz）を用いて1分間超音波処理を行った。得られた乳化物を試験管に移し，目視で乳化相の有無を観察し，乳化の可否を判定した。また，乳化物の油滴径についてレーザー回折式粒

ピッカリングエマルション技術における課題と応用

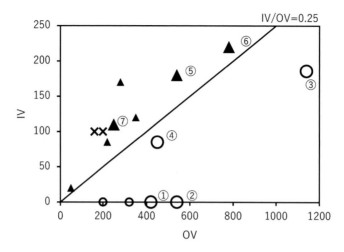

図4 有機概念図によるCNFでの乳化の可否の推測
〇：乳化可能，▲：乳化可能だが一部油の分離が見られる，×：乳化できない。
①ミネラルオイル，②スクワラン，③オリーブ油，④パルミチン酸エチルヘキシル，⑤トリ（カプリル酸/カプリン酸）グリセリル，⑥リンゴ酸ジステアリル，⑦シクロペンタシロキサン。

度分布計で測定した。

　各水溶性添加剤濃度とそのときの水相に対するスクワランの界面張力の関係と，CNFによるスクワランの乳化の可否を図5に示す。また，界面張力の変化にともなう油滴径の変化を図6に示す。図5より，いずれの添加剤においても配合量が多いほど油水間の界面張力は低下した。その程度はエタノールがもっとも高く，グリセリンがもっとも低かった。油水間の界面張力が

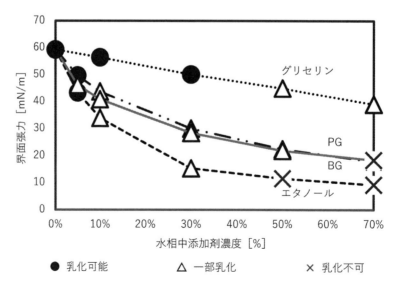

図5 OWエマルション（スクワラン/0.2%CNF水分散液=20/80（v/v））における水相中の各種添加剤の濃度の界面張力への影響と乳化の可否

第 21 章　化粧品処方におけるセルロースナノファイバーによるピッカリングエマルションの形成挙動

50 mN/m 未満になると CNF による乳化が困難になった。図 6 より，油水間の界面張力が 50 mN/m 以上の系においては，油滴径が数 μm〜数十 μm 程度の安定なエマルションが形成された。油水間の界面張力が低下するにつれ乳化物の油滴径は増大する傾向にあり，油滴径は界面張力が 50 mN/m 未満になると 100 μm まで著しく増大した。

図 7 に CNF によるピッカリングエマルション形成の模式図を示す。この時，油滴への CNF の吸着について，一度油滴に吸着した固体粒子を液滴界面から引き離すために必要な脱離エネルギー E は(2)式のように表される[10]。

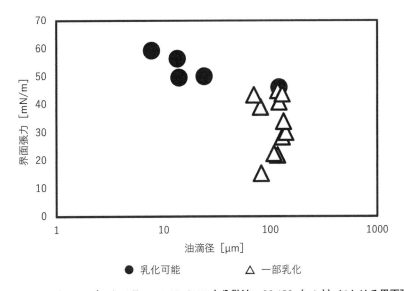

図 6　OW エマルション（スクワラン/0.2%CNF 水分散液＝20/80（v/v））における界面張力と油滴径の関係

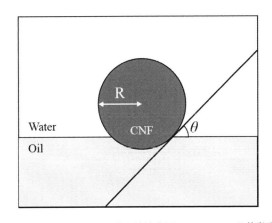

図 7　OW エマルション中の油滴表面での CNF の吸着挙動

185

$$E = \pi R^2 \gamma_{\mathrm{OW}} (1-\cos\theta)^2 \qquad (2)$$

式(2)において，R は固体ナノ粒子の半径，つまり本検討では CNF の半径，θ は三相間接触角，γ_{OW} は油水間の界面張力を示す。ピッカリングエマルションを形成する上で，脱離エネルギーが大きい方が，CNF が油滴から脱離しにくい。つまり油滴に安定に吸着し，エマルションを形成しやすい。それを踏まえたうえで上式を見ると，脱離エネルギーは界面張力に比例することが分かる。つまり，添加剤による油水間の界面張力の低下にともない，脱離エネルギーが低下したことで，CNF が油滴に吸着しにくくなったと考えられる。その結果，単独であれば乳化可能なスクワランも，添加剤の配合により乳化困難になったと考えられる。

3.6 乳化における添加剤の配合順の影響

2 wt％CNF 水分散液を純水で希釈し，1,2-プロパンジオール（PG）添加により CNF 濃度が 0.2 wt％になるよう，CNF 水分散液を調製した。得られた希釈液を 18 ml 量り取り，そこへスクワランを 6 ml 投入し，超音波ホモジナイザー（出力 40 Hz）を用いて 1 分間超音波処理を行うことで乳化物を得た。得られた乳化物をスターラーで撹拌しながら，水溶性添加剤として PG を水相への配合濃度が 10％となるように，10 分間かけて 2 ml ゆっくりと滴下投入した。得られた乳化液を試験管に移し，1 週間室温で静置した後，乳化相の有無から乳化の可否を目視評価した。また，乳化物の油滴径についてはレーザー回折式粒度分布計で測定した。

添加剤の配合順序を変更した場合の乳化物の外観を図 8 に示す。添加物が配合された CNF 分散液で乳化させた場合，レーザー回折式粒度分布計で測定した油滴径（D50 値）が 156 μm と

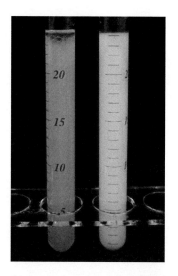

図 8　OW エマルション（スクワラン／0.2％CNF 水分散液＝20／80（v/v））の外観
　　　（左）乳化前に PG 添加，（右）乳化後に PG 添加。

第 21 章　化粧品処方におけるセルロースナノファイバーによるピッカリングエマルションの形成挙動

大きく，エマルションが一部崩壊したが，乳化物を調製した後に添加剤を配合した場合では，油滴径は 53 μm と，添加物が配合された CNF 分散液で乳化させた場合より小さくなり，エマルションの崩壊は観察されなかった。さらに，添加剤を後から配合した乳化物を室温で 1 カ月静置観察したが，油滴が崩壊することはなく，乳化物は安定であった。

　本検討において，後から添加剤を配合した場合は，先に添加剤を配合した場合に比べて，エマルション形成時に添加剤を含まないことで油水間の界面張力が高い。つまり脱離エネルギーの高い状態でエマルションが形成される。そのため，油滴に CNF が安定して吸着している状態を作り出せる。ピッカリングエマルションの形成において，固体粒子が油滴に吸着する挙動は不可逆であると言われていることから，エマルション形成後，添加剤を配合することで界面張力が低下しても，CNF は既に油滴に吸着しているため，乳化状態を保持できたと考えられる[11]。

4　さいごに

　TEMPO 酸化 CNF は，繊維幅が約 3 nm であり，さらに高いアスペクト比を有するセルロース由来のナノファイバーである。この CNF は水中でネットワーク構造を形成し，それに起因してユニークなレオロジー特性を発現することが知られており，すでに化粧品分野においても利用され始めている。

　さらに，CNF は油滴に吸着することで界面膜を形成して油滴を安定化し，ピッカリングエマルションを形成する乳化機能を有する。しかも，CNF の水中でのネットワーク構造により，形成したエマルションのクリーミング抑制といった乳化安定化の効果も有する。CNF というたった一つの材料であるにもかかわらず，これだけの様々な機能を有するのは大変興味深いことである。

　第一工業製薬では，このような CNF の特徴を生かした化粧品分野での開発をさらに加速する予定である。また，さらなる特徴の探索や各機能の向上検討なども視野に入れて研究開発を推進していく。

文　　　献

1)　有本健男，化学と工業，**71**, 923-924（2018）
2)　矢野浩之，生存圏研究，**14**, 1-7（2018）
3)　T. Saito *et al.*, *Biomacromolecules*, **7**, 1687-1691（2006）
4)　A. Isogai *et al.*, *Nanoscale*, **3**, 71-85（2011）
5)　R. Tanaka *et al.*, *Cellulose*, **21**, 1581-1589（2014）

6) 後居洋介, *Fragrance Journal*, **44**(3), 54-57 (2016)
7) S. U. Pickering, *Journal of the Chemical Society*, **91**, 2001-2020 (1907)
8) Y. Goi *et al.*, *Langmuir*, **35**, 10920-10926 (2019)
9) 甲田善生, 有機概念図—基礎と応用—, p.1-31, 三共出版株式会社 (1984)
10) B. P. Binks *et al.*, *Langmuir*, **16**, 8622-8631 (2000)
11) S. Arditty *et al.*, *Eur. Phys. J. E*, **11**, 273-281 (2003)

第22章　果実繊維を用いたピッカリング
エマルションによる乳化

柴田雅史*

1　はじめに

　近年，植物素材を化粧品成分として活用する試みが進められている。その一環として，セルロースナノファイバーをはじめとする植物由来の繊維を乳化剤として用いる「ピッカリング乳化」が盛んに研究されている。本研究では，食用廃材である乾燥カリン果実に対して，ナノファイバー化とは異なる比較的温和な処理を施すことにより，その乳化性能を向上させる可能性を検討し，併せて乳化性能の変化機構についても考察した。

　一般的な低分子界面活性剤は，乳液調製において重要な役割を果たす成分であるが，その小分子構造により皮膚内部へ浸透しやすく，皮膚刺激やアレルギー，肌荒れを引き起こす懸念が指摘されている。特に高齢化社会に伴い，化粧品使用者の年齢層が高くなる現代においては，皮膚への浸透が少なく，環境への影響も少ない安全性の高い乳化剤の需要が高まっている。このような背景から，従来の低分子界面活性剤に代わり，高分子型界面活性剤や粉体を活用したピッカリング乳化の研究が進展している。ピッカリング乳化[1~4]では，油水界面に粉体が配向することでエマルションを安定化させるメカニズムが作用しており，その界面膜の厚みから乳化滴の合一を抑制する利点がある。また，使用する油種の選択肢が広いこともピッカリング乳化のメリットである。

　良好なピッカリング乳化物を得るためには，粉体が油水界面に整然と並ぶことが不可欠である（図1）。粉体の表面親疎水性バランスがその適性に影響を及ぼし，たとえば親水性が高すぎる粉体では水相に偏り，乳化が成立しない。一方で，疎水性が過度に強い粉体の場合，粉体同士が凝集し，O/W型の乳化物が形成しにくくなると考えられる。

　化粧品においては，シリカやマイカなどの無機粉体を有機物で疎水化したものがピッカリング乳化剤としてリキッドファンデーションや日焼け止め乳液に実用化されている。しかし近年，化粧品原料は石油由来や鉱物由来から，環境負荷が少なく再生可能な植物由来の資源へと転換が進んでいるため，ピッカリング乳化にも植物由来の粉体が求められている。

---

　*　Masashi SHIBATA　東京工科大学　応用生物学部　教授

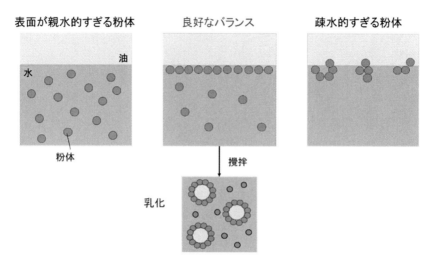

図1 粉体の界面配向と乳化の優劣

2 植物繊維粉体の乳化剤への応用

ピッカリング乳化において使用される植物繊維質の主成分はセルロースである。セルロースは，吸着剤，増粘剤，スクラブ剤として広く化粧品に利用されている。乳化剤としては，植物の細胞壁から抽出されたセルロース繊維を微細化したセルロースナノファイバー（CNF）の乳化性能が多く報告されている。特にパルプ由来のセルロースナノファイバーに関する報告が多い[5~7]。さらに，バナナの皮，アブラヤシの果実，海藻などの食用植物由来のナノファイバーに加え，梅干しやアボカドなど，ナノファイバー処理を施さない食用乾燥粉末もピッカリング乳化に利用されている[8~11]。

CNFは優れた乳化性能を有するが，その調製には環境負荷の高い物質の使用や厳しい条件が必要とされる場合があり，調製工程も長期化，複雑化する傾向がある。一方で，ナノファイバー化を行わずセルロース粉体そのものを乳化剤として使用することも行われているが，粉体が分散しにくく，ピッカリング乳化性能が十分に発現しにくい場合が多い。しかしながら，粉体の種類によっては良好な乳化性能が認められているとの報告があることから，我々は果実繊維中に含まれるセルロース以外の各種繊維質を活用することで，ナノファイバー化を施さずとも乳化に適した粉体（図1）を調製できる可能性があると考えた。

本研究では，果実繊維をピッカリング乳化用粉体として使用する際，繊維組成が乳化性能に及ぼす影響を解明すること，ならびにその繊維組成の制御を環境負荷の少ない方法で行うことを目的とした。

第 22 章　果実繊維を用いたピッカリングエマルションによる乳化

3　カリン果実粉体の調製とピッカリング乳化方法

　我々は，ピッカリング乳化用の粉体としてカリン果実を対象に研究を進めている。カリンは中国原産の落葉高木であり，楕円形または倒卵形の長さ 10 cm の果実をつけ，晩秋の頃，黄色に熟し芳香を放つ。カリン果実中には，粘性多糖類（グルクロノアラビノキシラン，キシログルカン），有機酸（リンゴ酸，酒石酸，アスコルビン酸），トリテルペン類（β シトステロール，ウルソール酸），フラボノイド，タンニン，サポニンなどが含まれており，リキュールやのど飴，ゼリー，フレーバーに活用されている[12]。これらの有用成分を抽出した後の果実廃棄物は，ペクチンやリグニンなどの水不溶性繊維で構成されている（図 2）。

　実験では，市販のカリン粉体を凍結粉砕して用いた。そして，このカリン果実から，表 1 に示したような，安全性が高く環境負荷も低い溶剤によって各種繊維成分の除去を行った。果実繊維質の除去方法は，文献にしたがって順に行った[13, 14]。なお条件の詳細は文献[15]に記載している。

　乳化は次の方法で行った。ガラススクリュー管瓶にポリジメチコン 0.3 g と粉体 0.01 g を入れ，超音波発生器で分散させた後，イオン交換水 2.7 g を加えてボルテックスミキサーで 30 秒予備撹拌した。その後，超音波洗浄機を用いて 24 kHz・31 kHz の複合周波で 1 分間処理した。

　紫外可視分光光度計で波長 600 nm の乳液の吸光度を濁度として測定した。数日間保存したサンプルの濁度は，軽く転倒撹拌後に測定した。濁度の高い試料ほど乳化に適していると評価した。結果は図 3 に示した。

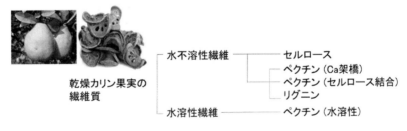

図 2　乾燥カリン果実と主成分

表 1　サンプル名と行った溶剤処理

Sample name	Treatments
Sample 1	Untreated
Sample 2	Water treatment
Sample 3	Water and Ammonium oxalate treatments
Sample 4	Water, Ammonium oxalate, and Sodium hydroxide A treatments

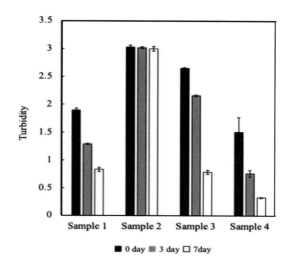

図3　各種粉体を用いた乳化物の濁度

4　各種処理粉体の乳化性能

水とエタノールで粘性多糖類と水溶性繊維を除去した粉体（サンプル2）は，未処理粉体（サンプル1）よりも濁度が向上し，優れた乳化性能を示した。しかし，シュウ酸アンモニウム処理で水不溶性ペクチンやリグニンを除去したサンプル3では乳化物の濁度が低下し，水酸化ナトリウム処理でセルロース結合のペクチンやリグニンを除去したサンプル4ではさらに濁度が著しく低下した。つまり，サンプル2に対し，ペクチンやリグニン除去を進めると乳化性能が低下する。サンプル2の乳液は室温で1ヶ月保存しても安定し，再撹拌で濁度が回復することが確認された。

5　粉体の組成・性質と乳化性能の関係

各種繊維除去処理により乳化性能が変化する理由を調べるにあたって，まず粉体中に含まれる繊維質の量を確認した。セルロース以外の主成分であるペクチンやリグニンの変化を分析した結果を表2に示した。

表2　粉体中のペクチンおよびリグニンの含有量（相対値）

	Sample 2	Sample 3	Sample 4
Pectin amount (g/powder 100 g)	2.7	1.1	0.2
Lignin amount (g/powder 100 g)	20.1	12.7	8.8

第 22 章　果実繊維を用いたピッカリングエマルションによる乳化

　未処理カリン（サンプル1）のペクチン含有量は4.0%であったが，サンプル2で2.7%に減少し，水溶性ペクチンが主に除去された。シュウ酸アンモニウム処理（サンプル3）および水酸化ナトリウム処理A（サンプル4）を進めると，ペクチン量は0.2%程度まで減少した。リグニンは未処理カリン（サンプル1）に26.9%含まれていたが，サンプル2で20.1%にわずかに減少し，その後の処理でも減少が続いた。これらは予想通りの量変化であり，乳化が良好であった粉体はセルロースに加えて，ペクチン2.7%とリグニン20.1%を含むものであった。

　粉体の形状や大きさもピッカリング乳化性能に影響を与えるため，続いて溶剤による繊維除去処理が粉体の形状や大きさに変化を与えているかどうかを調べた。

　粉砕されたカリン粉末は不規則な外観を示し，各処理において粉末形状に大きな変化は見られなかった。また，10 μm以下の範囲の平均粒径や個数分布にも有意な差はなかった（図4）。したがって，処理による乳化性能の変化は粒径の変化によるものではないことが確認された。

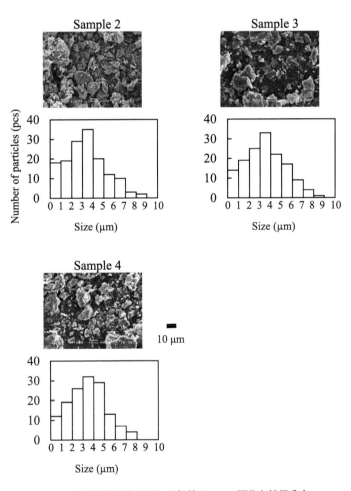

図4　各種繊維除去処理した粉体のSEM画像と粒径分布

ピッカリングエマルション技術における課題と応用

表3　各種繊維除去処理をした粉体の水に対する接触角

	Sample 2	Sample 3	Sample 4
Contact angle (°)			
Average	71.4	60.4	46.4
SD	3.7	2.5	2.4
Fibrous composition			
Cellulose	＋＋	＋＋	＋＋
Lignin	＋＋	＋	－
Pectin	＋＋	＋	－

　繊維質の構成変化によって，粉体の乳化性能が変化する要因として，粉体の表面の親疎水性バランスの変化が考えられる。その評価方法として以下を実施した。スライドガラスに両面テープを貼り，1.0 g の粉体を均一に広げた後，余分な粉末を除去した。接触角計を用いて，脱イオン水を滴下し，直後に写真撮影を行い，接触角を測定した（表3）。

　乳化性能が良好であったセルロースとペクチン，リグニンを含む粉体（サンプル2）の接触角は71.4°であった。サンプル3，サンプル4への処理でペクチンとリグニンが減少すると，接触角は60.4°，46.4°と低下した。これにより，これらの処理は表面の親水化を進めるものであったと分かる。ペクチンは親水的，リグニンは疎水的とされており，サンプル4への処理ではペクチン減少の効果が大きいと推察された。

　また別の実験によって，サンプル2から表面疎水化が進んでも，乳化性能が低下すすることが確認された。以上のことからサンプル2の親疎水性バランス（水に対する接触角が70°付近）が最適であること。そしてそれよりも親水的にも疎水的に変化すると，乳化には好ましくないものとなった。

6　まとめ

　カリン粉体を用いた系では，適切な溶剤処理を行うことによってセルロースに加えてリグニンと少量のペクチンが残存する状態にすると，良好な乳化性能が発現することがわかった。

　溶液処理によって粉体の粒径に変化は生じないことから，表面の親疎水性バランスが適切になることで乳化性能が向上したものと考えられる。

第 22 章　果実繊維を用いたピッカリングエマルションによる乳化

文　　　献

1)　Y.Kawamura *et al.*, *J. Oleo Sci.*, **61**, 477-482（2012）
2)　C.Carrasco & P.Bellon, *IFSCC CONGRESS*, **30**, 1-4（2018）
3)　Dong H. *et al.*, *Carbohydr. Polym.*, **265**, 118101（2021）
4)　Gao J. *et al.*, *Ultrason. Sonochem.*, **83**, 105928（2022）
5)　Goi Y. *et al.*, *Langmuir*, **35**, 10920-10926（2019）
6)　Guo S. *et al.*, *ACS Sustain. Chem. Eng.*, **10**, 9066-9076（2022）
7)　Chakrabarty A. & Teramoto Y., *ACS Appl. Polym. Mater.*, **3**, 5441-5451（2021）
8)　Costa A. L. R. *et al.*, *Carbohydr. Polym.*, **194**, 122-131（2018）
9)　Li X. *et al.*, *Cellulose*, **27**, 839-851（2020）
10)　Wu J. *et al.*, *Carbohydr. Polym.*, **236**, 115999（2020）
11)　Ho H. *et al.*, *J. Food Eng.*, **294**, 110411（2021）
12)　安藤智教ほか，*J. Prev Med.*, **9**, 75-81（2014）
13)　Voragen F. G. J. *et al.*, *Z. Lebensm Unters Forsch.*, **177**, 251-256（1983）
14)　Southgate D. A. *et al.*, *J. Sci. Food Agric.*, **29**, 979（1978）
15)　Rino Fukushima *et al.*, *Journal of Oleo Science*, **72**, 605-612（2023）

第23章 ファインバブルによる油のピッカリング型乳化と洗浄作用

恩田智彦[*]

水中のファインバブルが油滴表面に付着すると界面エネルギーを低下させ，O/Wエマルションを安定化する。微粒子だけでなく泡もまたピッカリング型の乳化を引き起こすことが示唆され，一定の条件下では自己乳化をも誘起する。ファインバブルが油汚れに対して高い洗浄作用を示す一因になっていると予想される。

1 はじめに

固体表面を覆った水と油がどちらも部分的に固体表面をぬらすとき，すなわち，どちらか一方のみが固体表面を覆うような"拡張ぬれ"を起こさないとき，その固体の微粒子は油水界面に付着する。微粒子は水または油のどちらか一方だけに触れるよりも，水と油の両方に触れていた方が，界面エネルギーの低い状態になるためである。これがピッカリング乳化の起こる起源である。

同様に，空気に触れさせた水と油がどちらも空気と接するとき，すなわち，どちらか一方のみが空気との界面を占有することがないとき，気泡は油水界面に付着する。泡は水または油のどちらか一方に取り囲まれるよりも，水と油の両方に触れていた方が，界面エネルギーの低い状態になるためである。

このように泡と微粒子は類似のふるまいを示す。それゆえ，微粒子がピッカリング乳化を引き起こしたように，泡もまた油水界面に付着して，ピッカリング型の乳化を引き起こすことが期待される。

ただし泡はすぐに消えてなくなる。泡同士で合一して数を減らし，あるいは液表面にまで浮上して破泡する。それゆえ，泡によるピッカリング型乳化はつかの間の現象にすぎない。その寿命はたかだか数十秒程度であろう。微粒子によるピッカリング乳化と違って，乳化状態が定常的に持続することはない。

それでも，油汚れの洗浄のような秒オーダーの動的現象の中では，泡によるピッカリング型乳化が存在感を発揮する可能性がある。実際，ナノバブルや炭酸洗浄料の示す高い洗浄作用[1]の一因はこのピッカリング型乳化にあると期待される[2]。泡によるピッカリング型乳化はまだ実験的

---

[*] Tomohiro ONDA 元 花王㈱ 研究開発部門 研究主幹

第 23 章　ファインバブルによる油のピッカリング型乳化と洗浄作用

に検証されていないが，本章では，その理論的可能性を界面エネルギーの視点から考察する[2]。そして一定の条件の下で，自己乳化が起きることを示す。さらに泡径 0.1〜数十 μm のファインバブルを想定して，ピッカリング型乳化による油汚れの洗浄メカニズムを予想する。

2　O/W エマルション中の泡の状態

　水面に油滴を垂らしたとき，平衡状態で油滴は次のいずれかの状態を取ることが知られている。(1a) レンズ状になって水面上に浮かぶ，(2a) 膜状になって水面上を広がる，(3a) 球状になって水中に取り込まれる。どれになるかは水 W/ 油 O/ 空気 G 間の 3 つの界面張力 γ_{WO}, γ_{GW}, γ_{GO} の大小関係で決まる。たとえば油がアルカンのときは (1a) に，トリグリセリドのときは (2a) になる。水が高濃度の界面活性剤溶液の場合は (3a) が観察される。

　同様に，油水界面に泡を置くと，(1a)〜(3a) に対応して泡は次のような状態を取る。(1b) レンズ状になって油水界面に付着する，(2b) 油中に取り込まれる，(3b) 水中に取り込まれる。(1a) と (1b) の場合，どちらも水，油，空気の 3 相が接触する境界線（接触線）が存在する。他方，(2a) と (2b) では，水と空気は間に割り込んだ油によって隔てられて，(3a) と (3b) では，油と空気は間に割り込んだ水によって隔てられる。

　これらをもとに，O/W エマルション中に混入した泡の状態を予想することができる。たとえば，泡と油水界面の接触がおきる (1a)，(1b) の場合に，水，油，空気（泡）の 3 相はエマルション中で次のような構造を取ると予想される。

　泡径が油滴径よりも十分に大きいとき，複数の油滴が泡表面に付着する（図 1）。このとき，

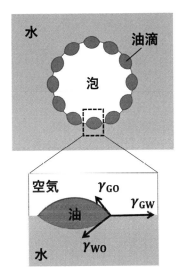

図 1　大きな泡に付着した小さな油滴

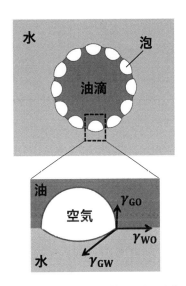

図 2　大きな油滴に付着した小さな泡

泡表面に(1a)の状態が形成されている。このような泡はその表面に油滴を付着させ、油を運搬する。泡は水中に分散した油を分離回収する働きを持ち、油で汚染された水の浄化に利用されている[1]。

逆に、泡径が油滴径よりも十分に小さいとき、泡が油滴表面に付着すると予想される（図2）。このとき、油滴表面に(1b)の状態が形成されている。本章ではこの状態を"（泡による）ピッカリング型乳化"と呼び、以下、詳細に考察していく。

3 泡によるピッカリング型乳化と自己乳化の発現

ピッカリング型乳化の実現可能性を界面エネルギーの観点から検証しよう[2]。

まず、一つの泡が水中から油水界面に付着したときの界面エネルギーの変化を算出する。この計算は、ピッカリング乳化（油水界面への微粒子の付着）における界面エネルギー変化の算出[3]と同様な方法で行うことができる。ただし、微粒子は形が一定で変わらないのに対し、泡は水中から油水界面に付着したときに変形する点を考慮にいれなければならない。

水中で半径 R の球形の泡が、油水界面に付着し、気水界面と気油界面の2枚の球面で囲まれたレンズ形状になると仮定する（図3）。このときの界面エネルギー変化 ΔF_1 は次のように表せる：

$$\Delta F_1 = \gamma_{GW} S_{GW} + \gamma_{GO} S_{GO} - \gamma_{WO} \pi a^2 - \gamma_{GW} 4\pi R^2 \tag{1}$$

S_{GW} と S_{GO} は付着した泡の気水界面（図中の①線）と気油界面（図中の②線）の面積である。πa^2 は泡の付着によって消失した油水界面（図中の③点線）の面積を、$4\pi R^2$ は水中にいたときの泡の表面積（図中の④破線）を表す。

(1)式は以下の関係式を用いて具体的な形に変形できる。まず、球冠の表面積の公式および界面張力のつり合いの条件（ノイマンの三角形）を用いると、S_{GW}, S_{GO} と γ_{GW}, γ_{GO} はそれぞれ

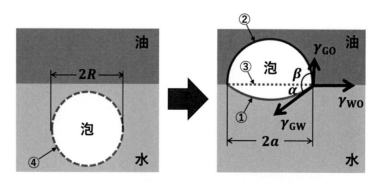

図3 水中の泡が油水界面に付着した状態

第 23 章　ファインバブルによる油のピッカリング型乳化と洗浄作用

$$S_{\text{GW}} = \frac{2\pi a^2}{1 + \cos \alpha}, \quad S_{\text{GO}} = \frac{2\pi a^2}{1 + \cos \beta} \tag{2}$$

$$\gamma_{\text{GW}} = \frac{\sin \beta}{\sin(\alpha + \beta)} \gamma_{\text{WO}}, \quad \gamma_{\text{GO}} = \frac{\sin \alpha}{\sin(\alpha + \beta)} \gamma_{\text{WO}} \tag{3}$$

と表せる。ここに α, β は図 3 に示した接触角度，a は接触線を外周にもつ円の半径である。さらに，付着の前後で泡の体積が保存する（ラプラス圧の差に起因する泡体積の変化を無視できる）と近似すると

$$\frac{4\pi R^3}{3} = \frac{1}{3} \pi a^3 \left(\frac{2 + \cos \alpha}{\sin \alpha} \cdot \frac{1 - \cos \alpha}{1 + \cos \alpha} + \frac{2 + \cos \beta}{\sin \beta} \cdot \frac{1 - \cos \beta}{1 + \cos \beta} \right) \tag{4}$$

が成り立つ。(4) 式の右辺はレンズ形状の体積であり，2 つの球冠の体積の和として表されている。(2)～(4) 式を (1) 式に代入して整理すると，最終的に ΔF_1 は (5) 式のようになる[2]。

$$\Delta F_1 = 4\pi R^2 \gamma_{\text{WO}} \left\{ 2^{1/3} \frac{\dfrac{1}{\sin(\alpha + \beta)} \left(\dfrac{\sin \beta}{1 + \cos \alpha} + \dfrac{\sin \alpha}{1 + \cos \beta} \right) - \dfrac{1}{2}}{\left(\dfrac{2 + \cos \alpha}{\sin \alpha} \cdot \dfrac{1 - \cos \alpha}{1 + \cos \alpha} + \dfrac{2 + \cos \beta}{\sin \beta} \cdot \dfrac{1 - \cos \beta}{1 + \cos \beta} \right)^{2/3}} - \frac{\sin \beta}{\sin(\alpha + \beta)} \right\} \tag{5}$$

(5) 式は，界面エネルギー変化 ΔF_1 が常に負であることを示している。実際，$f_1(\alpha, \beta) \equiv \Delta F_1 / 4\pi R^2 \gamma_{\text{WO}}$ の等高線を $\alpha\beta$ 面上に描くと，図 4 のようになる。α と β の定義域全体にわたって $f_1(\alpha, \beta)$ は負になっている。水中の泡が油水界面に付着すると系の界面エネルギーは減少するのである。それゆえ，水中にいた泡は自発的に油水界面に付着し，安定化する。油中にいた泡が油水界面に付着する場合に対しても同様な結果を導くことができる[2]。

　それでは次に，水相に分散した複数の微細な泡（泡径 0.1～数十 μm のファインバブル）が油水界面に付着する場合を考えよう。油水界面として，O/W エマルション中の油滴表面（油滴径は数～数百 μm）を考える。ただし泡は油滴よりも十分に小さいと仮定する。このとき，泡にとって油滴表面は平面とみなせるので，ΔF_1 を使って，泡の付着による界面エネルギー変化を見積もることができる。すなわち，油水界面に単位面積あたり N 個の（半径 R の）泡が付着したとすると，界面エネルギーの変化はおよそ $N\Delta F_1$ となる。

　前述したように，$N\Delta F_1$ は負である。水相中のファインバブルが油滴表面に付着すると系の界面エネルギーが減少する。それゆえファインバブルは自発的に油滴表面に付着し，O/W エマルションを安定化する。このようにして，ピッカリング型乳化が出現する。

　減少したエネルギー $N\Delta F_1$ を使って，系は新たな油水界面を生成することができる。特に

199

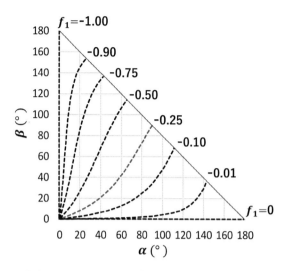

図4 水中の泡が油水界面に付着したときの界面エネルギー変化

$$N|\Delta F_1| \geq \gamma_{\text{WO}} \tag{6}$$

のとき，単位面積の油水界面に N 個の泡が付着することによって，単位面積以上の新たな油水界面を生成できる。それゆえ，この付着と生成を繰り返して，雪だるま式に油水界面を増やすことができる。これは自己乳化がおきることを意味する。乳化は水相中の泡の界面エネルギーだけを消費して進行し，外部からのエネルギーを要しない。そして水相中の泡がすべて消費されるまで継続する。

$f_1(\alpha, \beta)$ を用いて(6)式を表すと

$$N4\pi R^2 f_1(\alpha, \beta) \leq -1 \tag{7}$$

となる。特に，泡が油水界面に密集して付着している場合を考えよう。このとき $N\pi R^2 \cong 1$ と近似できるから，自己乳化のおきる条件は

$$f_1(\alpha, \beta) \leq -\frac{1}{4} \tag{8}$$

と表される。この領域は図4上で特定することができ，$f_1 = -0.25$ の等高線の左上側に分布している。

自己乳化のおきる領域を，界面張力の比 $\gamma_{\text{GW}}/\gamma_{\text{WO}}$ と $\gamma_{\text{GO}}/\gamma_{\text{WO}}$ で張られた平面上に図示することもできる。(3)式を用いて，α と β を $\gamma_{\text{GW}}/\gamma_{\text{WO}}$ と $\gamma_{\text{GO}}/\gamma_{\text{WO}}$ に変換すればよい。その結果を図5に示す。

(8)式の表す自己乳化領域を濃灰色に着色してある。ピッカリング型乳化が

第23章　ファインバブルによる油のピッカリング型乳化と洗浄作用

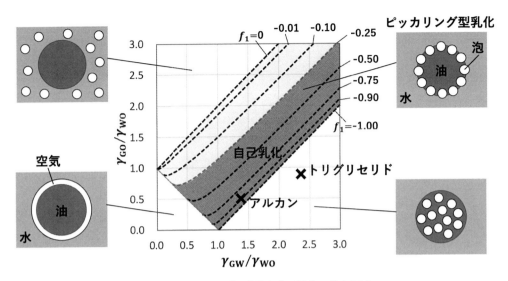

図5　ピッカリング型乳化と自己乳化の発生領域

$$-1 < \frac{\gamma_{GW}}{\gamma_{WO}} - \frac{\gamma_{GO}}{\gamma_{WO}} < 1 \quad かつ \quad 1 < \frac{\gamma_{GW}}{\gamma_{WO}} + \frac{\gamma_{GO}}{\gamma_{WO}} \tag{9}$$

の長方形領域で発生し，そのうち濃灰色部で自己乳化となる。あわせて，f_1 の等高線を図5中に示した。また(9)式の外の領域に対しても，泡と油滴の平衡状態の模式図を示した。右下の三角形領域は第2項で述べた(2b)の状態に，左上の三角形領域は(3b)の状態に対応する。左下の三角形領域に属する油は著者の知る限り，実在しない。

たとえば代表的油脂のアルカンとトリグリセリドは図中の×点に位置する（水の表面張力を $\gamma_{GW} \cong 72$ mN/m とし，アルカンに対しては $\gamma_{GO} \cong 25$ mN/m, $\gamma_{WO} \cong 53$ mN/m, トリグリセリドに対しては $\gamma_{GO} \cong 29$ mN/m, $\gamma_{WO} \cong 31$ mN/m を仮定した）。アルカンは濃灰色領域内にあり，ピッカリング型の自己乳化をすると予想される。一方，トリグリセリドは(9)式の領域外にあり，そのままではピッカリング型乳化を起こさない。ここに適切な濃度の界面活性剤を添加して，(9)式を満たすように界面張力を調整すれば，トリグリセリドでもピッカリング型の乳化や自己乳化が観察されると予想される。

4　ファインバブルの洗浄作用

ファインバブルは油汚れに対して高い洗浄作用をもつことが知られている[1]。そのメカニズムの一つは図1に示したような"泡表面への油滴の付着"である。これによって，油で汚染された土壌や廃水から油を除去，回収することができる[1]。もう一つは"運動または崩壊する泡の衝

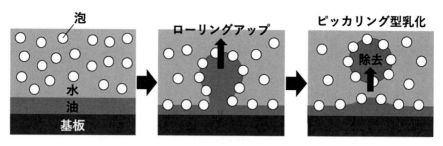

図6 ファインバブルによる油汚れの洗浄プロセス

撃力"である．ファインバブルを含む流水を油汚れにあてると，油のかたまりを機械力で粉砕することができる．

もう一つ新たなメカニズムとして考えられるのが，"油表面への泡の付着（図2）"すなわちファインバブルによる油のピッカリング型乳化である．ファインバブルを含む洗浄水を油汚れに接触させる（図6左）と，泡が油水界面に付着し，系の界面エネルギーを低下させる．系はこのエネルギーを使って油水界面を増やし，油のローリングアップを促進する（図6中央）．やがて油は油滴となって油膜から離脱し，基板から除去されるとともにピッカリング型乳化を形成する（図6右）．

ファインバブルによる油の洗浄作用は，ピッカリング型の自己乳化がおきるとき著しく大きくなると期待される．油水界面への泡の付着によって，新たな油水界面を雪だるま式に増やせるため，油のローリングアップが顕著になるからである．

原理的には，ピッカリング型の自己乳化は外部からのエネルギーなしに進行するが，洗浄作業のように短時間で油の除去を行おうとすると余分な外部エネルギーが必要になる．泡が油水界面に付着する頻度を高めるため，水中にいる多量の泡をすみやかに油水界面まで運ぶ必要があるためである．多くの場合，これは撹拌，噴射などの機械力を洗浄水に加えることによって実現できる．泡は機械力が作った水流に乗って油水界面まで運ばれる．一方，炭酸洗浄料（洗顔，洗髪用など）の場合，炭酸発泡によって油水界面またはその近傍に次々と泡が生成されるため，遠くから泡を運んでくる必要がない．このため，炭酸洗浄料では機械力を印加しなくても，自発的に油の洗浄が進行すると予想される[4]．

5 おわりに

水中にいる泡は，より居心地のいい油水界面が現れるのを虎視眈々と狙っていて，現れると先を競ってそこを占拠する．いったん占拠すると居座り，なかなか油水界面を解放しない．水中の泡に狙われた油水界面は増えるしかなく，減ることは許されないのである．

このため，水相にファインバブルを含んだO/Wエマルションは乳化を進行させることはでき

第 23 章 ファインバブルによる油のピッカリング型乳化と洗浄作用

ても，解乳化は抑止され，エマルションは安定化する。あるいは，ファインバブルを含んだ洗浄水は油汚れを乳化し，油を除去する——と，理論的には予想される。これらを描いた図 2 や図 6 の予想図が，いつか SEM 写真やビデオ映像として現実のものになることを期待したい。

　泡の寿命は短く，必然的に泡によるピッカリング型乳化の寿命もまた短い。長くても数十秒だろう。たとえば泡同士が合一して，泡径が油滴径と同程度まで大きくなると，泡の油滴への付着はピッカリング現象とは言えなくなる。また泡径が数 μm を超えると重力（浮力）の影響が現れ，付着した泡は油滴の天頂付近に集結するだろう。ピッカリング型乳化の観察は，それが崩れる前に，すみやかに済ませなければならない。

　泡によるピッカリング型乳化はつかの間の現象であり，油汚れの洗浄力も界面活性剤にはかなわない。それでも泡達は"活性剤の使用量を抑えた，人と地球にやさしい洗浄"にはかなくも奮闘してくれているに違いない。

文　　　献

1) A. Serizawa, *1st International Symposium on Application of High Voltage, Plasmas & Micro/Nano Bubbles to Agriculture and Aquaculture*（ISHPMNB 2017）

2) T. Onda, *Colloids Surf. A Physicochem. Eng. Asp.*, **653**, 130021（2022）

3) B. P. Binks *et al.*, *Langmuir*, **16**, 8622（2000）

4) 花王，微細な炭酸泡の洗顔料 油を浮かせて落とす作用，YouTube, https://www.youtube.com/watch?v=-aOvGPjk4x0

ピッカリングエマルション技術における課題と応用

2024 年 12 月 23 日　第 1 刷発行

監　　修	柴田雅史	（T1277）
発 行 者	金森洋平	
発 行 所	株式会社シーエムシー出版	
	東京都千代田区神田錦町 1 − 17 − 1	
	電話 03（3293）2065	
	大阪市中央区内平野町 1 − 3 − 12	
	電話 06（4794）8234	
	https://www.cmcbooks.co.jp/	
編集担当	宮元拓夢／町田　博	

〔印刷　日本ハイコム株式会社〕　　　　　　　　　　　© M. SHIBATA, 2024

本書は高額につき，買切商品です。返品はお断りいたします。
落丁・乱丁本はお取替えいたします。

本書の内容の一部あるいは全部を無断で複写（コピー）することは，
法律で認められた場合を除き，著作者および出版社の権利の侵害
になります。

ISBN978-4-7813-1825-7　C3043　¥54000E